KB275147

진화론이 변하고 있다

진화론이 변하고 있다

디아스포라(DIASPORA)는 독자 여러분의 책에 관한 아이디어와 원고 투고를 기다리고 있습니다. 디아스포라는 전파과학사의 임프린트로 종교(기독교), 경제·경영서, 일반 문학 등 다양한 장르의 국내 저자와 해외 번역서를 준비하고 있습니다. 출간을 고민하고 계신 분들은 이메일 chonpa2@hanmail.net로 간단한 개요와 취지, 연락처 등을 적어 보내주세요.

진화론이 변하고 있다
다윈에 도전하는 분자 생물학

—
초판1쇄 발행 1992년 03월 15일
개정1쇄 발행 2025년 12월 16일

—
지 은 이 나카하라 히데오미/사가와 다카시
옮 긴 이 고경식
발 행 인 손동민
디 자 인 이지혜

—
펴낸 곳 전파과학사
출판등록 1956. 7. 23. 제 10-89호
주　　소 서울시 서대문구 증가로18, 204호
전　　화 02-333-8877(8855)
팩　　스 02-334-8092
이 메 일 chonpa2@hanmail.net
공식 블로그 http://blog.naver.com/siencia

ISBN 979-11-94832-37-9 (03470)

진화론이 변하고 있다

다윈에 도전하는 분자 생물학

나카하라 히데오미·사가와 다카시 지음 | 고경식 옮김

머리말

우리가 진화론에 흥미를 갖기 시작한 지 벌써 20년 이상이 된다. 당시 나카하라(中原)는 세균학, 사가와(住川)는 물리학을 공부하고 있었다.

이 서로 다른 분야가 만나게 된 동기는 지금으로서는 확실하지는 않으나 분명히 돌연변이였다고 생각한다. 나카하라는 당시 약제에 내성을 갖는 세균을 연구하고 있었다. 약은 원래 세균을 죽이는 것인데, 약효가 듣지 않는 신종 세균이 때때로 출현한다. 세균이 돌연변이를 일으켜 내성이 생기기 때문이다.

이러한 내성균 출현은 진화에서 일종의 모델같이 여겨져 크게 흥미를 끌었다. 균의 돌연변이 메커니즘을 어느 정도 알게 되면, 내성균 출현의 빈도 등을 이론적으로 계산할 수 있고, 정량적인 연구도 가능하지 않을까 하고 가슴이 두근거리기도 하였다. 무엇보다도 돌연변이의 원인으로, 우주에서 내리쬐는 X선이나 방사능을 생각하고 있었다.

그것은 생물학에 대한 물리학적 접근 방법으로서는 좋았으나, 지금으로서 생각하면 전혀 빗나간 생각이었다. 나카하라는 이러한 발상에 대해 별로 마음이 내키지 않았으나, 그것은 옳았다.

이러한 경위는 진화론에 대한 당시의 우리 두 사람의 생각을 반영하고 있다.

최초로 생각한 것은, 다윈식 진화론이다. 즉, 돌연변이 → 생존 경쟁 → 도태 → 신종의 형성이란 절차이다.

이러한 메커니즘이 내성균이란 신종의 출현에 대해서도 작용하고 있다고 생각하였다.

그 후의 연구로 내성균 출현의 놀랄 만한 메커니즘이 밝혀졌다. 세균이 내성을 획득하는 것은 분명히 유전자의 변화에 의하나 그 변화란 무작위적인 돌연변이가 아니고, 새로운 유전자를 다른 세균으로부터 선모(線毛)라는 일종의 파이프를 통하여 직접 받아들이는 것이다. 그 새로운 유전자는 약제의 효력을 없애는 작용을 한다. 세균은 약제에 공격당하는 다른 세균을 돕기 위해 유전자의 한 세트를 건넨다.

세균이 살아남기 위해서는 돌연변이 같은 미온적인 방법이 아니라 유전자 자체로 건네는 적극적인 방법을 갖고 있다.

이러한 놀라운 구조는 급속히 발달한 분자 생물학이 밝혀내었다. 분자 생물학은 간단히 말하면, 유전자의 구조나 작용을 연구하는 학문이다. 분자 생물학의 진보는, 진화론에 큰 영향을 미치고 있다.

현재도 진화론의 주류는 역시 다윈 진화론이다. 현재의 다윈 진화론은 다윈이 『종의 기원』에서 발표한 내용보다 월등하게 세련되어 있다. 화석의 수집을 통해 아득한 옛날의 생물 모습이나 생태에 관한 지식이 증가하고, 계통의 정리도 크게 진전되었다. 집단 유전학이라는 수학적 방법도 개발되었다.

그러나 돌연변이, 자연도태, 적응이라는 기본적인 테두리는 변하지 않았다. 이 테두리 안에서 단세포 생물이 어디에서인가 다세포의 동물이 되고, 바닷속의 고기가 육지로 상륙하고, 파충류로 진화하고, 그중에서 어떤 것은 날개가 생겨 새가 되는 것이 설명된다고 한다.

우리들은, 그것은 어려운 일이 아닐지 생각한다. 진화란 결국은 유전자의 변화인데, 그 변화는 상상 이상으로 극렬하고 극적이다. 분자 생물학의 발달이 그러한 사실을 뒷받침하고 있다.

종래의 진화론은 화석과 현존 생물에 관한 지식, 그리고 미시적 진화의 모델로서의 교배나 육종(育種) 역사에서의 지견이 기간을 이루고 있다. 그러나 현재는 제4의 기간으로서 유전자가 필요하다.

이 책의 가장 중요한 역할은 진화론의 현상을 소개하는 데 있으나, 제4의 분자 생물학이란 새로운 관점이 곁들여 있다. 진화론은 아직 미완성의 단계이며 생물의 진화 그 자체가 여전히 커다란 수수께끼에 싸인 사건이라는 사실을 새삼 느끼게 될 것이다.

1991년 1월
지은이 나카하라 히데오미, 사가와 다카시

2장 · 새로운 학설들

1장
질문받는 다원

진화란 무엇인가 1

흔들리는 진화론

진화론은 우주론과 더불어 많은 과학 분야 중에서도 가장 인기 있는 분야이다. 어쨌든 시간과 공간을 초월한 낭만에 넘쳐 있고 생명과 우주의 역사를 알려고 하는 것은 우리들이 왜 지금 지구상에 존재하는지 그 의문에 답하는 일이기도 하기 때문이다.

그러므로 우리들의 조상은 태곳적부터 인류는 어떻게 탄생하였는가를 가르쳐 왔다. 세계의 모든 신화에는 인류 탄생의 이야기가 반드시 있다. 신화의 세계에서는 보통 인간은 신에 의해 창조된 것으로 되어 있다. 근대 과학이 탄생하기까지 인류는 자연을 설명하는 데 있어서 신을 필요로 했다.

현재에는, 자연은 신의 이야기가 아니라 과학으로 이야기되지 않으면 안 된다. 물리학을 신에게서 해방시킨 위대한 선구자가 뉴턴이라면, 생물학을 신의 손에서 되찾은 명예는 다윈(C. Darwin)에게 주어야 한다. 그러나 다윈의 진화론이 완벽한 이론인가 하면 그렇다고는 말할 수 없다.

특히 최근에 이르러 분자 생물학에서 여러 가지 새로운 사실이 밝혀지면서 다윈의 진화론은 흔들리기 시작하였다. 뉴턴의 물리학이 모든 물리 현상을 설명할 수 없었던 것처럼, 다윈의 진화론도 진화의 모든 것을 설명할 수 있는 것은 아니다.

바이러스도 진화에 공헌

최근 과학 잡지에서 「조몬의 수수께끼를 푸는 ATL 바이러스」, 「진화는 전염병인가」, 「생물공학이 진화론을 변화시킨다」, 「하늘을 나는 유전자」, 「바이러스가 진화시킨다」와 같은 특집을 자주 보게 된다. 이런 특집은 분자 생물학의 일부 성과에 불과하지만, 어쨌든 새로운 진화론이 생겨나고 있다는 것을 말해 주고 있다.

예를 들어, 1985년 일본 규슈(九州) 대학의 미야다(宮田陰) 교수는 바이러스(레트로바이러스)가 생물 진화에서 중요한 역할을 이룩할 가능성이 있음을 시사하는 논문을 과학지 『네이처』에 발표하였다.

미야다는 쥐와 바이러스 유전자의 염기 배열을 비교함으로써 쥐의 '면역글로불린 E결합인자'를 만드는 유전자가 햄스터쥐(hamster, 실험용 쥐)에 감염하는 'IAP'라는 바이러스 유전자와 거의 같은 것이라는 놀라운 사실을 발견하였다.

이것은 지금 햄스터쥐에 감염하는 IAP란 바이러스가 먼 옛날에는 쥐에 감염되었다는 것을 뜻한다. 쥐에 감염된 바이러스의 유전자가 그대로 쥐의 유전자에 들어간 것이다. 즉, 원래는 햄스터쥐에 감염하는 바이러스의 유전자가 쥐의 유전자로 수평 이동하였다는 것이다.

그런데도 바이러스 자체의 유전자나 숙주인 햄스터쥐가 갖고 있는

그림 1-1 | 미켈란젤로 작 「이브의 창조」.
신화에서는 잠들고 있던 아담의 갈비뼈에서 이브가 창조되었다 한다.

유전자를 쥐에게 옮긴 것 같은 단순한 수평 이동은 아니다. 태곳적, 쥐는 IAP란 바이러스에 감염되었으나 병으로 전멸하는 일 없이 살아남았다. 그리고 그 바이러스의 유전자는 새로 쥐에 침입한 면역글로불린 E 결합인자를 만드는 전혀 다른 유전자로 변화하였다. 다윈은 물론, 최근의 생물학자조차 전혀 상상도 할 수 없었던 일이 생긴 것이다.

이러한 사실은 유전자의 염기 배열을 모르고서는 결코 발견할 수 없었을 것이다. 여러 가지 유전자의 염기 배열이 해명되는 데 따라 바이러스와 진화의 관계가 밝혀지기 시작하고 있다.

밝혀진 암호

여기서 다윈이 진화를 설명하기 위해 이용한 수단은 화석학, 육종학, 박물학의 3분야이다. 화석의 발견은 생물이 불변하는 무언가가 아니라 분명하게 변화한다는 것을 증명하였다. 육종도 생물이 변한다는 증거였다. 더욱이 지구상의 생물을 관찰하여 분류하는 박물학의 지식은 다윈 진화론의 성립에는 불가결하였다.

그림 1-2 | 찰스 로버트 다윈. 1089년 잉글랜드 서부에서 태어났으며, 1859년 『자연도태에 의한 종의 기원』을 출판, 1882년, 72세에 병으로 죽음.

20세기에 이르러 과학은 급속히 진보하였다. 예를 들면 화석의 방사성 탄소의 반감기를 조사함으로써, 그 연대를 대단히 정확하게 알 수 있게 되었다. 육종은 유전학으로 발전하였다. 통계학과 유전학이 합쳐짐으로써 집단 유전학이 탄생했고, 박물학은 근대생물학으로 발전한 것이다.

이같이 진화론에 필요한 3가지 방법이 진보됨에 따라 진화에 대해서도 여러 가지 발견이 있었으나, 기존 무기를 아무리 갈아서 윤을 낸다고 해도 아주 새로운 무기는 될 수 없는 것이다. 새로운 무기의 출현은 20세기의 후반까지는 기다려야만 하였다.

진화론에 변혁을 일으킨 것은 분자 생물학이었다. 그중에서도 유전자의 염기 배열을 결정하는 새로운 무기는, 이미 큰 위력을 보이기 시작하였다.

연속 공생이란 새로운 발상이 있다. 이 설에 의하면, 생존에 산소가 필요한 호기성 박테리아 속에 산소가 필요하지 않은 혐기성 박테리아가 들어박힌 결과, 핵이 없는 박테리아 같은 원핵 세포에서 핵이 있는 진핵 세포가 진화한 것으로 여겨진다. 원핵 세포의 진화를 적절하게 설명하는 이 연속 공생설은 세포 내 소기관의 독특한 염기 배열이 해명됨으로써 탄생하였다.

바이러스 진화설이란 새로운 가설도 유전자의 염기 배열이 알려지면서, 그 전망에는 광명이 보이기 시작한다.

네오테니(neoteny)란 동물이 어린 형태대로 성장하기 때문에 유형 성숙이라고도 한다. 텔레비전에서 유명해진 우파루파는, 멕시코도롱뇽의 유형 성숙으로 어린 형태대로 성장하여 생식도 할 수 있다.

현재의 진화론에서는, 사람은 원숭이의 네오테니라고 보는 견해가 유력하다. 사람과 침팬지의 두골을 비교하면, 이 사실이 뚜렷해진다. 바이러스 진화설은 바이러스가 원숭이에게 감염되어, 성숙에 관한 유전자를 변화시키면서 유형 성숙에 의한 진화가 생겼을 것이라고 설명한다.

분자 생물학은 고고학이나 언어학 같은 인문과학의 분야에서 일찍부터 논쟁되어 온 일본인 조상의 수수께끼에 대해서도 명확하게 해결

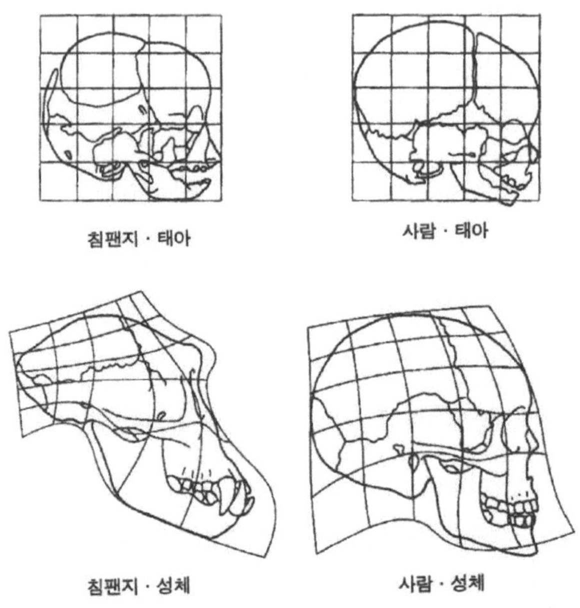

그림 1-3 | 네오테니. 사람 성체의 두골은 침팬지의 성체보다 태아의 두골과 비슷하다.

해 버렸다. 최근 발굴된 조몬인 뼈의 유전자 배열을 현재 인류의 유전자와 비교함으로써 오랜 논쟁에 종지부가 찍힌 것 같다.

유전자에 쓰인 역사

이제까지 오랜 시간, 다윈 진화론으로써 거의 모든 진화가 설명되는 것으로 여겨져 왔다. 그러나 분자 생물학이 출현하니, 다윈 진화론으로는 설명할 수 없는 것이 계속적으로 나타나기 시작하였다.

예를 들어, 잘 알고 있는 '중립적' 돌연변이는 종래의 자연도태 개념에서는 벗어난 것이다. 다윈 진화론의 약점은 오히려 다윈 진화론을 진화의 통일 이론이라고 오랫동안 믿어 온 데 있는지도 모른다.

이 책에서는 이 같은 최근 진화론의 현상을 상세하게 설명하려고 한다. 우선 다윈 진화론과 그 이론을 정통적으로 계승한 종합 진화설을 해설한 다음에, 중립 진화설, 연속 공생설, 바이러스 진화설 등 전혀 새로운 형태의 진화설을 설명하고자 한다. 또 크게 인기가 있는 이마니시 진화론과 단속 평형설도 다루어 보겠다.

원래 진화론에는 적응, 계통, 분기라는 3개의 주제가 있다. 다윈은 '적응'을 가장 중시하였다. 다윈 진화론이나 종합 진화설은 생물이 환경에 적응하여 살아남는 것으로부터 진화가 시작한다고 보고 있다. 그러나 아무리 관찰과 실험을 반복해도, 진화하고 직접 연관되는 것 같은 적응은 발견되지 못했다.

'계통'은 다양한 생물의 진화를 비교하는 것으로, 누구나 한 번쯤은 진화의 계통수를 본 일이 있을 것이다. 계통수는 화석에 의해 맞추어진 것이나, 현재는 계통수의 주역이 화석에서 유전자로 옮겨져 가고 있다. 분자 생물학의 진보로 유전자에 쓰인 진화의 역사가 해독되는 시대로 들어간 것이다.

'분기'는 '어떻게 해서 새로운 생물이 탄생하는가?'라는 것이다. 이제까지는 돌연변이만이 새로운 생물이 출현하는 요인으로 여겨져 왔으나, 연속 공생설이나 바이러스 진화설은 그것과는 별도의 사고방식도

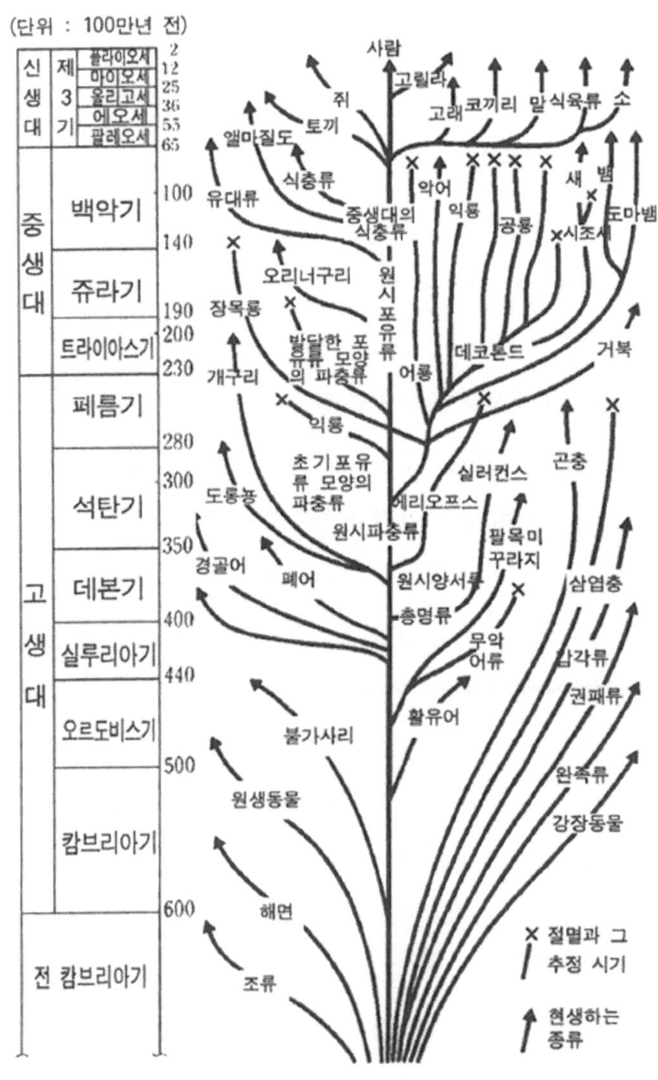

그림 **1-4** | 생물 진화를 나타내는 계통수. 『생명의 진화와 분자진화』에서.

있다는 것을 말해 준다.

밀실의 열쇠

이 책에서는 오늘날까지의 진화와 관련된 논쟁에 초점을 맞추어, 각 진화론의 기본적인 발상의 차이를 밝혀 보고자 한다. 또한 앞으로의 진화론의 전망에 대해서도 생각해 봄으로써, 진화론이 얼마나 지적 흥분을 일으키는 주제인가를 제시하고 싶다.

여하간 우리는 새로운 보물이 가득 찬 밀실의 열쇠를 방금 손에 잡았을 뿐이다. 밀실에 들어가려면 열쇠에 적혀 있는 암호 해독이 필요하다. 이 책에서는 암호에 관한 기본적인 지식과 밀실 안에 있는 보석의 정보를 몇 가지 소개하고자 한다. 암호는 얼마 해독할 수 없을지도 모르니, 되도록 쉽게 풀어 보고자 할 참이다. 그러기 위해서 될 수 있는 대로 과학적인 전문 용어의 사용을 피했다.

'H_2O'라 하면 어려운 것 같지만 '물'이라고 하면 아무렇지도 않은 것처럼, 'DNA'라고 하면 어려우므로 '유전자'라는 용어로 표현할 것이다.

그러면 바로 다윈 진화론부터 이야기를 시작하기로 하자.

불독을 화나게 하다

진화론은 찰스 다윈에 의해 비로소 과학적 이론이라고 할 수 있게 되었다.

오늘에 이르러 진화론이란 말이 완전히 정착되고, 태고의 하등 생물에서 인간과 같은 고등 생물에 이르기까지의 과정은 누구나가 쉽게 연상할 수 있게 되었다.

그런데 다윈 이전에는 이 같은 진화의 사고는 극히 일부 박물학자들만의 것이었으며, 신이 모든 생명을 만들었다는 종교적인 사고가 압도적으로 사람들의 머리를 지배하고 있었다.

생물은 긴 역사의 과정에서 절멸과 탄생을 되풀이하였고, 그 결과 진화하였다는 사실은 적어도 당시는 받아들여지지 않았으며, 알려지지도 않았다.

그런 뜻에서 다윈은 진화론을 과학적인 이론으로 정립했다는 것 이상으로, 진화란 개념 자체를 널리 세상에 알린 독창적인 천재였다.

다윈은 1859년에 유명한 『종의 기원』을 발표하였다.

정확히는 『자연도태에 의한 종의 기원, 또는 생존 경쟁에서 살아남는 종의 보존에 대하여』라는 긴 제목인 이 책의 초판은 불과 1,250부밖에 인쇄되지 않았다.

그림 1-5 | 다윈이 『종의 기원』을 집필한 다운 마을에 있는 다윈의 집(위), 런던에서 약 30킬로미터 되는 곳에 있었다. 아래 사진은 다윈의 연구실.

『종의 기원』은 발표되자마자, 생물의 진화를 처음으로 과학적으로 설명한 획기적인 이론으로서 눈 깜박하는 사이에 널리 퍼져 나갔다. 당시 유명한 생물학자이며 학계의 거물이었던 토머스 헨리 헉슬리(T. H. Huxley)는 『종의 기원』을 읽고 나서 '왜 이렇게도 명쾌하고 간단한 설명을 이제까지 생각 못 했을까' 하고 크게 분개하였다고 전해진다.

헉슬리는 다윈 학설의 완전한 신봉자가 되어, 후세에 '다윈의 불독'이라고 불릴 정도로 다윈 진화론을 옹호하면서 반대파를 상대로 분전하였다.

압도적인 세력

다윈이 제창한 진화론을 간단하게 정리해 보면 다음과 같은 5단계로 구분할 수 있다.

출발점은 ① 생물은 일반적으로 많은 새끼를 낳는다는 사실이다. 다음은 ② 수가 많기에 그들 사이에는 격심한 생존 경쟁이 일어난다.

그러나 ③ 변이를 수반하는 것이 있어서, 그 변이는 생존 경쟁에 유리하게 작용하는 경우가 있다. 그 결과 ④ 유리한 변이를 일으킨 변종은 살아남을 가능성이 매우 적지만, 진화의 가능성은 높아진다. ⑤ 이러한 과정이 오랫동안 반복되어 몇백, 몇천 세대로 계속된 결과, 그 변종은 드디어 해당 종내에서 다수파가 될 것이다. 이것이 바로 새로운 종의 탄생, 즉 종의 진화이다.

헉슬리만이 아니라 누구나가 납득할 수 있는 그야말로 명쾌한 이론이다. 이 이론은 유클리드 기하학과 마찬가지로 연역적 체계를 이루고 있다. 몇 개의 사실과 가정에서, 진화를 논리적으로 도출하고 있다. 그러므로 과학적 이론이라고 하는 것이다.

다윈 이전에도 진화에 관한 설명은 몇 가지 있었으나, 다윈의 자연도태설같이 압도적인 설득력을 갖고 있었던 것은 없었다. 다음에 다윈의 진화론을 좀 상세하게 알아보기로 하자.

사람을 밀어내고, 다른 종도 밀어내자

이론의 출발점인 생물의 다산성과 생존 경쟁에 대해서는 맬서스(T. R. Malthus)의 『인구론』에서 암시를 받았다고 한다.

맬서스는 다윈보다는 약 반세기 정도 빠른, 같은 영국의 경제학자이다. 그는 『인구론』에서 인구는 기하급수적으로 증가하나, 그 인구를 먹여 살릴 식량은 직선적으로밖에 증가하지 않는데, 이러한 인구와 식량 증가에서 생기는 차이가 사회에 빈곤과 범죄를 낳게 하는 원인이라고 논하였다. 맬서스는 사회의 빈곤이나 범죄는 인간의 이성으로는 어쩔 수 없는 불가피한 문제라는 것을 과학적으로 증명하려 하였다.

다윈은 이것을 읽고, 인구와 식량의 차이는 인간의 세계뿐만 아니라 생물 전체에도 해당한다고 하였다.

그는 모든 동물이 근원적으로 갖추고 있는 강력한 증식력에 대하여 많은 예를 제시하고 있다.

만일, 식량이 충분하고, 환경이 양호하면 동물뿐만 아니라 식물도 기하급수적으로 늘어날 것이다. 다윈은 어느 논문에서 '번식 속도가 느린 인간도 25년 동안에 배로 되고, 식량 사정이 좋으면 증가 속도는 더욱 빨라질 것'이라고 언급했다.

분명히 다윈의 말과 같이, 물고기의 알은 성장한 물고기의 수하고는 비교할 수 없을 정도로 많고, 식물의 종자도 엄청난 수에 이른다. 우리는 이 같은 사실을 흔히 당연지사로 여기고 있으나 다윈은 생물의 이 같은 잠재적 번식력을 진화의 원동력으로 파악하였다.

태어나는 자손의 수가 살아남는 성체의 수보다 훨씬 많다는 것은, 거기에는 심한 생존 경쟁이 벌어졌을 것이라고 다윈은 사고의 폭을 넓혀 나갔다.

생존 경쟁은 식량 이외에도, 이성의 획득 등으로 같은 무리 사이에 먼저 있었을 것이다. 또한 자기를 잡아먹으려는 적과의 사이에도 벌어지게 된다. 엄격한 자연환경 속에서 살아 나가는 것도 생존을 위한 투쟁이다.

알이나 종자의 단계에서 아무리 많이 태어나도 이같이 엄격한 생존 경쟁에서 살아남는 것은 그중 얼마 안 되는 일부에 불과한 것이다. 만일 그렇지 않다면 지구상은 모든 동물과 식물로 넘쳐 날 것이다.

그런데 현실은 그렇지 않다. 아마도 대부분은 다음 세대로의 자손을 남기는 일 없이 도중에서 죽게 될 것이다. 이것이 바로 엄격한 생존 경쟁이 존재한다는 것이다.

변이의 역할

다음은 어떠한 자손이 태어나는가 하면, 그 자손은 당연히 양친과 반드시 같다고 볼 수는 없다. 유성 생식의 경우, 자손은 형질을 양친으로부터 각각 이어받으므로 양친의 어느 쪽하고 완전히 같을 수는 없다.

그러나 이 같은 뜻의 차이는 아니고, 양친하고는 엄청나게 상이한 형질이 돌연히 자손에게 나타나는 경우가 있으며, 이것을 일반적으로 돌연변이라고 한다.

다윈은 변이의 예를 수없이 들고 있다. 그는 원예가가 때때로 목격하는 '이상한 식물'은 실은 변이가 축적되어 생긴 것이라고 지적하였다. 뒤에 가서 언급하겠지만, 돌연변이는 1901년에 드 브리스(De Vries)가 제창한 개념으로, 다윈 자신은 이때까지 돌연변이란 말은 쓰지 않았다.

그는 다시 복숭아나무 싹에서 넥타린(nectarine, 승도복숭아라고도 한다)이 생기는 것과, 사람이 사육하는 비둘기는 야생 비둘기의 변이종임을 논하고 있다. 다윈은 『종의 기원』에서 많은 부분을 할

그림 1-6 | 라마르크(1744~1829) 프랑스의 진화학자. 그의 「동물철학」에서 용불용설을 제창했다.

애하여 변종에 대하여 기술하고 있는데, 읽기가 괴로울 정도이다.

그 밖에 변이의 원인으로는 용불용의 작용을 제시하고 있는데, 이 점에 관해서는 다윈은 라마르크설의 영향을 받았다.

그는 가축 등에 있어 몸의 특정 부위를 자주 사용하면 그 부분이 발달하고, 그 변화는 유전된다고 생각하였다. 반대로 너무 사용하지 않으면 퇴화하고, 그것이 자손에게 그대로 전해진다고 보았다.

이러한 사고를 용불용설(用不用說)이라 하며, 이미 라마르크(J. Lamarck)가 제창한 것이다. 다윈은 한 예로서 타조를 제시하였다. 타조는 새지만 날 수 없다. 날개는 있으나, 쓰지 않았으므로 퇴화하였다. 타조는 적에게서 날개를 사용하여 날아서 도망하는 대신 발을 발달시켜 걷어차는 방법으로 자신을 보호하고 있다.

결국 개체가 생존 중에 획득한 바람직한 형질은 유전하는 것으로 여겼다. 획득 형질은 유전하지 않는다는 것이 오늘의 견해이나, 다윈 이외에도 소련의 리센코 등이 그 존재를 주장하였다(1935년경).

자연의 체에 친다

다음의 논점이 다윈 진화론의 핵심부인 자연도태 또는 자연선택이다. 자연도태는 인위 도태에 반대되는 말로서, 인간이 아니라 자연에 의해 도태된다는 뜻이다.

인위 도태는 인간에 의한 도태, 즉 품종 개량의 뜻이다. 품종 개량은 인간에게 있어 바람직한 형질을 가진 개체를 골라, 여러 대에 걸쳐 키

워 나가는 것이다. 한편, 바람직하지 못한 나쁜 형질을 갖는 개체는 살아남을 기회를 인위적으로 박탈당한다.

다윈은 인간이 하는 도태와 동일한 진행 과정을 자연도 택하고 있다고 생각한 것이다.

그러므로 『종의 기원』에서 다윈은 사육되고 있는 동물이나 품종 개량된 식물이 원래의 품종에서 어떻게 변화되었는가를 상세하게 기술하고 있다.

그는 그 한 가지 예로 말을 제시했다. 인간은 발이 빠른 말을 오래전부터 항상 원해 왔다. 발 빠른 말을 얻는 방법은 태어난 망아지 중에서 발이 빠른 말을 계속 선택하면 된다.

한편, 힘이 좋은 말도 필요하면 힘이 좋은 말을 계속 고르면 될 것이다. 처음에는 발 빠른 말과 힘 좋은 말의 차이는 별로 없었을 것이다. 그러나 이러한 인위 도태를 되풀이하면 결국은 서러브레드(thoroughbred)와 하역용 말과 같은 큰 차이가 생길 것이다.

인위 도태에서는 사람에게 편리한 좋은 형질을 갖는 개체를 남기도록 인간이 도태를 이루어 나간다. 이것에 대해 자연도태에서는 자연이 생존 경쟁에서 이길 수 있는 형질을 가진 개체를 남겨 둔다. 생물은 자연이 무자비하게 이루고 있는 '생존 경쟁이란 도태의 체'에 쳐지고 있다고 다윈은 상상하였다. 결과적으로 자연계에는 생존 경쟁에 적합한 개체만이 살아남게 되는데 이것을 적응이라고 한다. 다시 말하면 적자생존의 결과 종은 변화하고, 이것이 곧 진화하였다는 결과가 된다.

다윈은 자연도태로 종이 변화해 가는 과정을 분기의 원리라고 불렀다.

본래 같은 종이었던 개체들이, 처음에는 아주 작은 변이로 자연도태에 조금씩 유리해진다. 이러한 변이는 예를 들어 발이 빠르다, 힘이 세다, 번식력이 왕성하다 등 여러 방향으로 진전한다. 최초에는 극히 미세한 변이였다 해도 몇만 년이 지나는 사이에 이 차이는 엄청나게 확대될 것이다. 이것이 분기인데, 바로 새로운 종이 진화의 결과로 생겼다는 것이다.

다윈의 논법은 도식으로 나타내면, 다산 → 생존 경쟁 → 변이 → 자연도태 → 진화와 같은 것이다. 그의 시대에는 아직 멘델의 법칙이 알려지지 않았다. 따라서 변이나 유전이라 해도 그 구체적인 메커니즘이나 법칙을 다윈은 몰랐다. 그런데도 이 정도로 독창적인 여러 가지 생각을 수렴하여 진화를 설명하는 방대한 이론을 수립하였다는 것은 놀라운 일이다.

불독과 입심 좋은 샘

다윈의 진화론은 혁명적인 내용이었기에 그 충격은 생물학의 영역을 넘어 여러 방면으로 파급되었다.

가장 심하게 충격을 받은 데가 기독교였다. 기독교에서는 모든 생명은 신이 창조한 것이며, 인간은 그중에서 특히 선택받은 존재였다. 신이 인간을 특별히 자신과 비슷한 모습으로 만들었다는 것이다.

이러한 기독교적 생물관으로는, 지금 지구상에 존재하는 모든 생물이 변이와 자연도태에 의해 제각기 진화하였다는 사실은 받아들일 수 없는 것이었다.

다윈의 진화론에 의하면 인간은 특별한 생물이 아니고, 역시 다른 동물과 동등하게 하등 생물에서 진화한 것에 불과하다. 인간이 특별한 위치를 차지하는 동물이 아니라면, 반대로 인간의 모습을 닮은 신은 도대체 어떻게 되는가. 심각한 문제였다.

『종의 기원』이 간행된 후 다윈

그림 1-7 | 토머스 헨리 헉슬리(1825~1895). 처음에 의학을 공부하고 의사가 됐으나, 얼마 후 생물학을 공부하여 런던 대학 교수가 됐다.

의 진화론을 옹호하는 과학자들과 이것을 반대하는 종교계 사이에 격심한 논쟁이 일어났다.

그 논쟁의 클라이맥스는 『종의 기원』이 발간된 약 반년 후 이루어진 공개토론회이다. 주최는 영국학술진흥협회이며, 다윈 측은 물론 '다윈의 불독'이란 별명의 토머스 헉슬리였다. 기독교를 대표하여 출석한 사람은 일찍이 '입심 좋은 샘'으로 알려진 새뮤얼 윌버포스 주교이다. 과학사상 최대의 논쟁이자 대결이었다.

장소는 옥스퍼드 대학 도서관이었다. 사람들은 넘칠 만큼 모여들었으며 이상한 열기와 흥분에 싸여 있었다. 지나친 흥분으로 실신한 여성

조차 있었다고 전해지고 있다.

월버포스 주교는 30분간 연설하고 나서, 헉슬리에게 다음과 같이 질문했다.

"헉슬리 선생, 한 가지만 묻겠습니다. 선생은 원숭이가 인간의 조상이라고 말씀하십니다. 그렇다면 그 원숭이의 조상은 선생의 조부 쪽에 해당합니까, 아니면 조모 쪽인가요?"

너무 심한 비꼬임에 내로라하는 헉슬리도 심한 충격을 받은 것같이 보였으나, 대답은 멋졌다.

헉슬리는 다윈의 견해를 대충 설명하고, 주교의 무지함을 야유하고 나서 이렇게 말했다.

"나의 조상에 원숭이가 있었다고 하여 그것은 부끄러운 일이 아닙니다. 부끄러운 것은, 그 위대한 인간의 재능을 가지고 진리를 모호하게 하는 사나이와 내가 공통의 조상을 갖고 있다는 사실입니다."

천하를 시끄럽게 한 논쟁은 다윈 측의 승리로 끝났다. 그 후 월버포스 주교는 침묵만을 지키는 것으로 일관하였다.

로마교황도 꺾이다

구약성서의 「창세기」에 의하면 신은 6일 만에 모든 생물을 만들고, 7일째에는 휴식하였다고 되어 있다. 유럽 사람들은 이것을 사실로 믿고 있었다. 그러나 시대의 흐름은 다윈 측에 유리하였다.

1948년, 로마교황 피우스 12세는 마침내, 「창세기」는 우화라는 성명을 발표하였다. 다윈의 진화론에 관한 종교계와의 논쟁은 100년 후에 일단락되었다.

다윈의 진화론은 종교계에 대해서는 승리하였으나, 과학적 입장으로는 아직 불완전한 데가 있었다.

유전이라 하는데, 그 구체적인 것은 어떤 것인가. 변이는 어느 정도의 빈도로 생기며, 정말 그것으로 새로운 종이 형성되는 것일까. 생존 경쟁은 실제로 어느 정도, 어떠한 형태로 존재하는 것인가? 등 의문은 끝이 없었다.

이러한 상태의 다윈 진화론을 1900년 이후 급속하게 발달한 유전학의 지식과 수학적 방법으로 세련시켜 놓은 것이 다음에 설명할 종합진화설이란 것이다.

판게네시스설

다윈은 변이와 자연도태라는 2개의 개념을 기간으로 생물의 진화를 설명하려고 하였다. 그러나 변이는 무엇이 원인이고 어떠한 절차와 과정에 의해 생기는 것인지는 전혀 몰랐다.

식물을 재배하거나 동물의 대를 이어 사육하면 때때로 변한 성질을 지닌 것이 나타난다. 이렇게 변한 것을 골라 서로 교배시키다 보면 성질은 안정된 것으로 고정된다.

경주용 말인 서러브레드나 감시견인 불독은 이렇게 하여 인공적으로 만들어진 동물이다. 일본에서는 잉어와 금붕어가 유명하다.

누에는 곤충이지만 훌륭하게 품종 개량된 동물이다. 누에는 명주실을 만드는 능력만 우수할 뿐 성충이 되어도 날 수가 없다. 즉 뽕나무잎을 사람으로부터 얻어먹지 않으면 살아갈 수가 없게 되어 있다.

간단히 말해서 생물은 변이를 일으키고 변이는 유전하는 것이다.

다윈은 이것을 설명하기 위해 판게네시스(pangenesis)란 설을 제창하였다. 그는 체세포에는 작은 제뮬(gemmule)이라는 입자가 함유되어 있다고 가정하였다.

제뮬은 증식하거나 다른 세포로 이동이 가능하다. 제뮬은 세포에서 이어받은 정보를 갖고 있다. 정자나 난자 등의 생식 세포에는 체세포로 부터 제뮬이 모여 든다. 그러므로 체세포의 변화는 생식 세포에 제뮬을 통해 전달되게 된다. 몸체의 모든 부분의 변화가 생식 세포에 전달되는 이러한 기능을 다윈은 판게네시스라고 불렀다.

판게네시스설로는 세포의 모든 변화가 유전하게 되므로 획득 형질 도 당연히 자손으로 전해지게 된다. 제뮬은 현대의 유전자와 같은 면도 있으나, 당시로서는 그 작용이란 유전자하고는 전혀 다른 특이한 것이 었다.

바이스만의 실험

바이스만(A. Weismann)은 다윈의 판게네시스설과는 다른 디터미넌트 (determinant)설이란 것을 제창하였다. 그는 체세포와 생식 세포를 구별 하여 생식 세포에만 함유된 바이오포아(biophore)라는 입자가 양친의 성질을 자손에게 전하는 역할을 한다고 생각하였다. 바이오포아의 집 합체가 디터미넌트이다.

바이스만의 설은 바이오포아가 생식 세포에만 있으므로, 체세포의 변화는 유전하지 않게 된다. 즉 획득 형질의 유전을 부정하는 것이다.

그는 자신의 설을 입증하기 위해, 쥐들을 22대에 걸쳐 1,600마리의 모든 꼬리를 계속 절단하는 실험을 하였다. 쥐꼬리를 아무리 잘라도 자 손의 꼬리는 정상으로 생겨났다. 생존 중에 꼬리를 잃는다는 성질은 유 전하지 않은 것이다.

바이스만의 실험으로, 획득 형질이 유전한다는 설은 부정되고, 유전은 생식 세포만을 통해 이루어진다는 것이 입증되었다.

바이스만의 실험 결과는 다윈설의 유리한 면과 불리한 면의 양면을 갖고 있다. 유리한 면은 자연도태의 필연성이 더욱 강조된 점과 다윈의 판게네시스설이 약간 변경은 되었다고 해도, 바이스만의 디터미넌트설로 이어졌다는 점이다. 이 사고는 나중에 유전자라는 개념으로 세련되어 가는 멋진 아이디어였다.

불리한 면은 다윈은 작은 변이가 축적되어 변이의 차이를 일으키고, 나아가서는 종의 변화가 된다고 생각하였으나, 이 작은 변이와 바이스만의 바이오포아의 관계가 확실치 않은 것이다.

바이오포아는 생식 세포 내에만 존재하므로 외계의 변화는 거의 영향받지 않을 것이다. 그러므로 양친의 성질이 그대로 자손에게 전달되는 것이다. 그렇다면 다윈이 말하는 변이는 어떻게 해서 생기는 것일까.

이러한 어려움을 타파한 것이 드 브리스의 돌연변이(mutation) 발견이었다.

드 브리스의 돌연변이설

네덜란드 식물학자 드 브리스는 큰달맞이꽃을 10년 이상이나 관찰하는 과정에서, 때때로 색이 다른 변종이 출현하는 것을 알게 되었다. 그것은 환경의 변화와 같은 외부의 영향에 의한 것이 아니고, 무엇인가 내부적인 원인에 의한 변화라고 여겨졌다. 그는 1901년에 이것을 '돌연변이설'이라 발표하였다.

드 브리스의 돌연변이설은 다윈 진화론에서는 큰 구원의 손길이나 다름없었다. 첫째로 변이가 실제로 존재한다는 것과, 둘째는 그것이 자연에서 일어난다는 것이 입증되었기 때문이다.

한편, 라마르크가 제창하여 다윈으로 이어진 획득 형질의 유전이란 사고는 점차 뒷전으로 물러난다. 돌연변이는 그 자체를 일으키는 생물의 내부에서 생기는 것이며, 그 결과에 따른 변화는 해당 생물에게 유리하게 작용할 수도 있고, 그렇지 않을 수도 있는 그야말로 우발적인 것이다.

이렇게 해서 종의 변이에 관한 원인은 알려졌으나, 다윈의 진화론에는 아직도 큰 숙제가 남아 있었다. 바로 유전의 메커니즘이다.

이 문제에 대해서도 드 브리스는 뒤에서 많은 공헌을 하였다.

멘델의 법칙

19세기의 중반, 오스트리아의 수도원에서 멘델(G. J. Mendel)은 유명한 유전의 법칙을 발견하였다. 그러나 그의 발견은 일찍이 세상에 알려지지 않고 35년 후인 1900년에 이르러 드 브리스에 의해 비로소 세상에 소개되어 널리 알려졌다. 이것이 멘델의 재발견이다.

멘델은 완두콩의 모양이나 색의 유전을 꾸준하게 연구하였다. 그는 수도원에서 7년간 3만 그루의 완두콩을 재배하였다. 그 결과 유전은 간단한 수학적인 법칙에 지배되어 있다는 것을 발견하였다.

여기에 적색 꽃과 백색 꽃이 피는 완두콩이 있다고 하자.

적색 꽃을 피우는 유전 인자를 A, 백색 꽃을 피우는 유전 인자를 a로 한다. 모든 생물은 1쌍의 유전 인자를 가진다고 가정하면, 그 유형은 AA, Aa, aa 중의 어느 하나이다.

A는 우성, a는 열성이라 한다면, Aa의 꽃은 A가 a를 제압하여 적색이 된다. AA란 꽃과 aa 꽃을 교배시키면 단순한 조합의 수를 계산하는데, 따라서 자손으로는 AA, Aa, aA, aa란 4개의 유형이 생긴다. AA는 적색, Aa와 aA는 A의 성질이 나타나므로 적색이다. aa는 백색이다. 따라서 자손의 꽃 색은 적색과 백색의 비율이 3대 1이 된다.

그림 1-8 | 그레고어 요한 멘델(1822~1884). 오스트리아의 브룬에서 목사로 봉직하는 한편으로 수도원 뜰에서 7년간 완두콩을 관찰하여 멘델의 법칙을 발견하였다. 유전학의 창시자이다.

이로써 멘델은 복잡한 유전 현상 중에서 본질적인 부분만을 끄집어내어 훌륭한 법칙을 발견하였다.

멘델법칙의 본질은, 생물의 성질은 유전 인자에 의해 유지된다는 것과 그 성질의 발현은 수학적인 조합과 우성, 열성의 관계로 결정된다는 것이다.

멘델의 유전 인자는 다윈의 제뮬과 바이스만의 바이오포아와 비슷한 것이다. 이 정도까지 이르면 유전 인자가 바로 유전자란 개념에 이르기란, 어려운 일이 아니다.

다윈이 탐구하던 유전의 구체적인 메커니즘도 이것으로 뚜렷해졌다. 양친에게서 전해져 자손에게 발현되는 성질이 수학으로 예측할 수 있게까지 되었다.

다윈 진화론에서의 변이나 유전의 개념은 이같이 뚜렷하게 되므로 다음은 종합설로서 발전하기에 이른다.

종합설로의 발전

돌연변이와 멘델의 유전이론을 인류가 인식하기에 이르자, 그것을 응용한 연구가 20세기 전반기에 급속하게 진전되었다.

그중 한 분야가 집단 유전학이다. 이 분야에서 영국의 R. A. 피셔(R. A. Fischer), J. B. 홀덴(J. B. Holden), 미국의 S. 라이트(S. Wright) 등이 중요한 공헌을 하였으며, 자연도태의 영향이나 유전 법칙이 생물 집단에 어떠한 형태로 나타나는지 수학적 방법으로 해명하였다.

집단 유전학의 성과 중 하나는, 진화에서 소집단의 중요성을 발견한 점이다. 소집단이란 그 집단에 속하는 개체 수가 적은 집단을 말하며, 반대로 대집단이란 개체 수가 많은 집단이다.

대집단에서는 돌연변이로 생긴 개체가 있더라도 다수파를 이루기 어렵고, 혹시 이룬다 해도 오랜 시간이 걸린다. 즉, 진화는 대집단에서는 일어나기 어렵다. 그러나 소집단에서는 변종이 다수파를 이루는 확률이 비교적 높고, 또한 몇 세대를 거치지 않은 동안에 실현된다.

이러한 경향은 집단이 안정을 유지하기 위해서는 적절한 현상이라 할 수 있으나 반대편에서 보면 대집단은 환경의 극심한 변화 등이 일어났을 때, 그것에 적응하는 변화가 생겨나기 어려우므로 멸망해 버리게 된다.

소집단은 이런 점에서 유리하다. 그러므로 진화론에서는 소집단이 이룩하는 역할이 중요시된다.

소집단은 지리적인 격리 등으로 생긴다.

오스트레일리아 대륙에는 캥거루와 같이 다른 대륙에서는 볼 수 없는 독특한 동물이 서식하고 있다. 이 이유의 하나는 오스트레일리아 대륙이 다른 대륙하고는 격리된 환경인 것을 들 수 있다.

지리적으로는 비록 같은 장소에 서식하고 있더라도 한 집단이 다른 집단과 어떤 이유로 인해 교배가 이루어지지 않으면 그것도 일종의 격리가 된다. 이러한 격리를 생식적 격리라고 한다.

이같이 돌연변이, 자연도태, 교잡, 격리 그리고 유전의 지식 등을 종합하여 이른바 종합설이 태어났다. 그러나 그것은 많은 연구 성과를 수렴한 것이지, 누가 언제 제창하였는지는 명확하지 않다. 그러나 현재로는 미국의 G. G. 심슨(G. G. Simpson)을 종합설의 완성자로 보고 있다.

심슨은 진화를 셋으로 구분하였다. 첫째는 종분화이다. 이는 종이나 품종을 형성한다. 다음으로 큰 진화가 계통 진화이다. 그리고 가장 큰

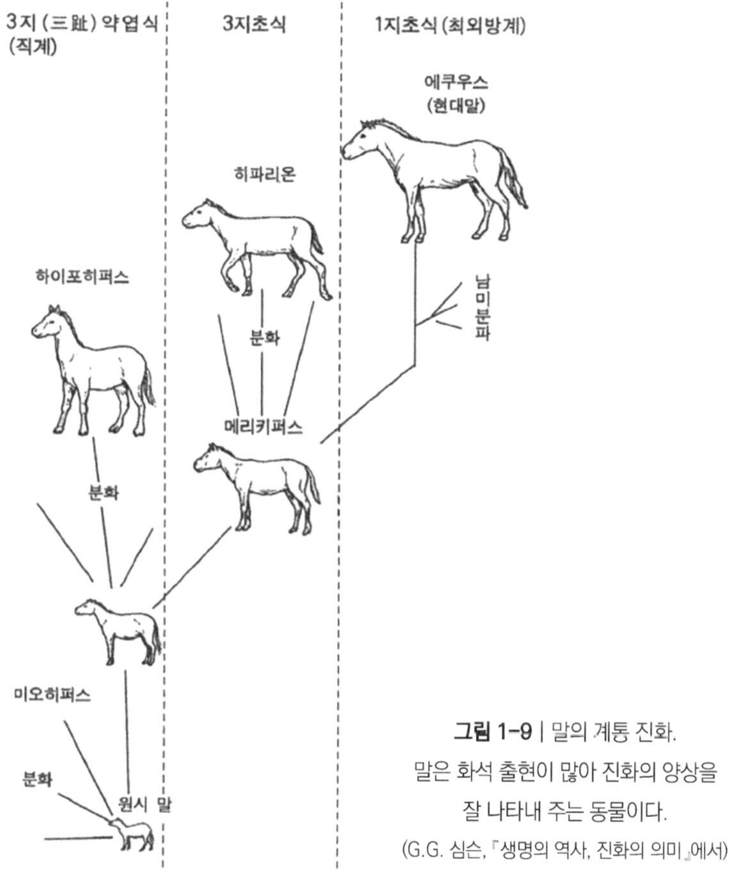

그림 1-9 | 말의 계통 진화.
말은 화석 출현이 많아 진화의 양상을
잘 나타내 주는 동물이다.
(G.G. 심슨, 『생명의 역사, 진화의 의미』에서)

진화가 과(科)와 목(目)을 형성하는 대진화이다. 보통 파충류에서 조류나
포유류로의 진화 등도 대진화라고 한다.

심슨은 계통 진화의 예로써 나뭇잎을 먹던 원시적인 말에서 초식성
인 현대말에 이르는 진화를 들고 있다(그림 1-9).

현대의 진화론에 있어서는 돌연변이라 하여도 그 내용은 염색체의 재조합이나 배수화, 유전자의 중립적 변이 등 다양하고도 풍부한 내용을 포함하고 있다. 그러나 변화의 형태는 어떤 것이건, 종합설로는 자연도태에 의해 진화가 이루어진다는 다윈 이래의 입장은 변함이 없다. 따라서 현대의 종합 진화설을 네오다위니즘(신다윈주의, Neo-Darwinism)이라고도 한다(네오는 '새로운'의 뜻).

종합설로는 어류에서 파충류로의 대진화도 이미 알고 있는 유전학 범위에서 설명할 수 있다고 한다. 그러나 근년에 분자 생물학이 급속하게 발전하여 종래의 상식으로는 상상도 할 수 없었던 유전자의 역할이 발견되었다. 유전자가 상상외로 능동적인 변화를 하는 것이다.

2장
새로운 학설들

중립진화설   1

유리한 돌연변이가 발견되지 않는다

분자 생물학이 발전하니 생물의 모습이나 모양 등 눈에 보이는 형질만이 아니라 유전자 자체도 진화한다는 것을 알게 되었다. 이 유전자의 진화를 설명한 것이 1968년에 일본 국립유전학연구소의 기무라(木村資生)에 의해 제창된 '중립 진화설'이다.

중립 진화설은 집단 유전학과 분자 생물학을 결합한 창조적인 이론이다. 원래 집단 유전학은 다윈의 자연도태설과 멘델의 유전 법칙을 통계적 방법으로 연결한 것이다. 그러나 기무라는 유전자의 진화가 다윈이 말한 생존에 유리한 자연도태에 의해서만이 아니라, 생물에게 유리하지도 불리하지도 않은 중립적인 돌연변이가 우연히 확대되면서도 일어날 수 있다고 생각했다.

앞에서 설명한 종합 진화설에 있어서는, 생물에게 유리한 돌연변이가 야기되면 그것은 반드시 자연도태를 거치면서 생물 집단으로 퍼진다고 본다. 여기서 말하는 유리한 돌연변이는 생물의 번식률이나 생존율을 높이는 돌연변이를 뜻한다. 다윈을 따르는 사고에서는 새로운 종이 형성될 수 있는 돌연변이는 생물에게 유리해야만 하는 것이다.

그런데 초파리(drosophila)는 눈이 빨간 작은 파리이다. 초파리를 사

용하여 미국 유전학자 T. H. 모건
(T. H. Morgan)은 돌연변이의 실험
을 하였다. 그 결과 날개나 눈의
돌연변이를 발견하였다. 구부러
진 날개, 감긴 날개, 잘린 날개 등
여러 가지 돌연변이가 있고, 막대
기 같은 눈이나 흰 눈을 한 초파리
도 있었다. 그런데 이 같은 돌연변
이는 유전자에 의해 자손으로 이
어져 가고 있다.

그림 2-1 | 토머스 헌트 모건(1866~1945) 유전자설의 확립자. 「초파리의 염색체 및 유전의 연구」로 노벨상 수상.

사실상, 멘델이 말하는 유전
인자가 바로 염색체상의 유전자임을 처음으로 실증한 것이 모건이었으며, 그는 이 업적을 인정받아서 1933년에 노벨 의학·생리학상을 수상하였다.

그러나 돌연변이의 실험적 연구가 진전함에 따라 거의 모든 돌연변이는 아무리 보아도 생물이 살아 나가는 데 있어 유리하다고는 보일 수 없다는 것을 알게 되었다. 약간이라도 우수한 돌연변이가 있으면, 그것은 자연도태에 의해 장기간에 걸쳐 종 전체에 확산하는 것이 진화라고 설명되고 있는데, 아무리 조사하여도 유리한 돌연변이가 발견되지 않는 한, 공리공론에 불과할 수도 있다.

이러한 돌연변이 논리의 위기를 구제한 것이 중립 진화설이다. 기무라는 유전자의 변화가 그대로 모습이나 모양의 변이로서 나타난다는 이제까지의 단순한 도식을 부정하고 새로운 이론을 창출한 것이다.

눈에 보이지 않는 돌연변이

중립 진화설에서는 유전자에 야기된 돌연변이 대부분은 생물에게 유리하지도 불리하지도 않은 중립적인 변화라는 사실에 관심을 두고 있다. 또한 그러한 중립적

그림 2-2 | 기무라 시세이(1924~) 일본 국립유전학연구소 명예교수. 집단 유전학 분야에서의 독창적인 연구로, 일본학사원상, 문화훈장을 수상.

인 돌연변이는, 전적으로 우연히 종 사이에 확산한다는 것이다.

중립적인 돌연변이가 생겨도 생물에 있어 유리하거나 불리한 것 같은 형질의 변화로서 나타나는 것은 아니다. 그러므로 중립적 변이가 생겨나도 자손을 남기는 확률은 변하지 않는다.

운이 좋으면 중립적인 돌연변이가 야기된 자손이 약간씩 증가할 것이다. 반대로 운이 나쁘게 중립적인 돌연변이가 야기된 생물이 자손을 형성하지 않았다면 그 중립적인 돌연변이는 소멸할 것이다(그림 2-3).

중립적인 돌연변이는 유전자의 염기 배열이나 단백질의 아미노산 배열을 상세하게 조사하지 않고서는 발견할 수 없다. 생물의 형태나 기

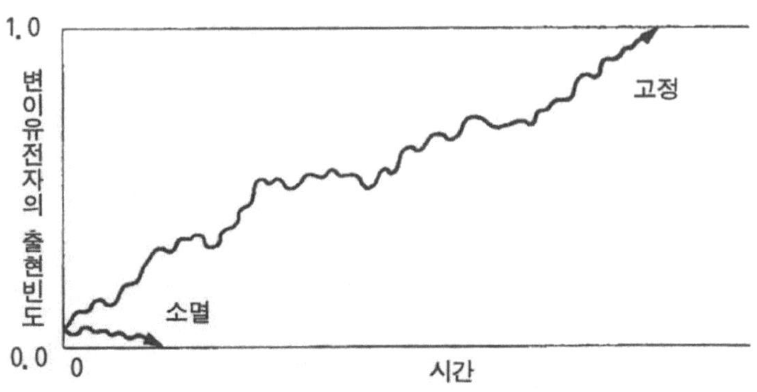

그림 2-3 | 집단 내에서의 돌연변이 유전자의 고정과 소멸의 진행 과정 (기무라, 『생물진화를 생각한다』에서).

능에는 아무런 변화도 없는 유전자 변화이다. 중립적인 돌연변이를 일으키고 말고는 형태의 관찰이나 교배 실험 같은 고전적인 방법으로는 구명할 수 없다.

이러한 유전자의 변화를 직접 구명할 수 있도록 한 것이 분자 생물학의 발전이다. 분자 생물학은 유전자를 분자 수준에서 연구할 수 있도록 하였다.

중립 진화설을 상세하게 설명하기에 앞서 유전자에 대해 기본적인 것을 알아보기로 하자.

유전자는 생물의 설계도이다. 생물이 살아가는 데 있어 절대로 없어서는 안 되는 단백질의 생성법이 적혀 있는 설계도이다.

유전자의 구조는 2개의 사슬로 된 긴 나선 모양으로 되어 있다. 2개

48

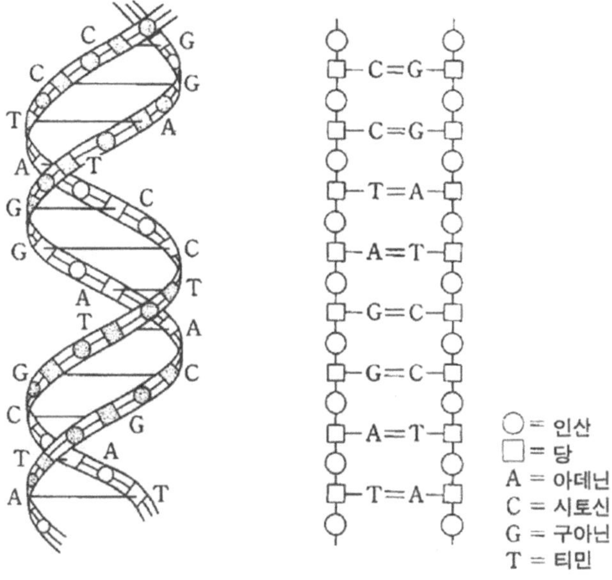

그림 2-4 | DNA의 모형도(왼쪽) 와, 그 조성 (오른쪽). 세로로 뻗은 2개의 사슬을 A, G, C, T 4종류의 염기가 사다리의 가로대 모양으로 연결되어 있다.

의 사슬 사이에는 4종류의 염기가 배열하고 있는데, 이 4종류의 염기 배열이 생물의 설계도로 되어 있다(그림 2-4).

유전자의 돌연변이는 유전자를 구성하고 있는 염기가 변화하는 데 따라 생긴다. 어떤 돌연변이가 중립이라고 하는 하나의 경우란, 염기가 변화하여도 유전자가 만드는 단백질(거의 화학 반응을 촉진하는 효소이다) 은 전혀 변화하지 않는 경우이다.

4종류의 염기는 아데닌(A), 티민(T), 구아닌(G), 시토신(C)이다. 이 4종류 중의 3개가 1개의 세트를 이루고 있다. 3개씩의 염기 세트를 '코돈(Codon)'이라 한다.

다시 말하면 유전자는 A, T, C, G의 4개 문자 중 3개를 사용한 코돈이란 단어로 적은 명령문이다. 하나의 코돈이 특정한 하나의 아미노산(단백질의 구성 요소. 몇 개의 아미노산이 이어져 하나의 단백질이 생성된다)에 대응하고 있다.

예를 들어, 티민이 3개 배열된 TTT란 한 염기 세트는 페닐알라닌이란 아미노산에 대응하고 있다. 또한 티민, 아데닌, 티민이 배열된 TAT는 티로신이란 아미노산에 대응하고 있다. 코돈에는 전부 64종의 조합이 있다. 64종의 코돈이 있더라도 아미노산은 20종밖에 없으므로 1개의 아미노산에 대해 2개 이상의 코돈이 대응하는 것도 있다.

같은 아미노산에 대응하는 복수의 코돈을 '동의적(同義的) 코돈'이라 한다. TAT, TAC란 코돈은 어느 것이나 티로신에 대응하는 동의적 코돈이다. 류신이란 아미노산에 대한 동의적 코돈은 TTA를 비롯하여 6개나 있다.

중립 진화설을 이해하는 데 있어 중요한 것은, 하나의 아미노산에 대응하는 코돈은 1개뿐만 아니라, 여러 개의 동의적 코돈이 있다는 것이다. 1개의 아미노산에 대응하는 코돈이 여러 개 있다는 것은 TAT의 마지막 T가 C로 변해서, TAT에서 TAC로 되어도, 생성되는 아미노산은 티로신이다. 이것은 동의적 코돈에 돌연변이가 일어나더라도 아미

1번째의 문자		2번째의 문자				3번째의 문자
		T 티민 Thymine	C 시토신 Cytosine	A 아데닌 Adenine	G 구아닌 Guanine	
T 티민		TTT TTC 페닐알라닌 TTA TTG 류신	TCT TCC TCA TCG 세린	TAT TAC 티로신 TAA TAG 정지	TGT TGC 시스테인 TGA 정지 TGG 트립토판	T C A G
C 시토신		CTT CTC CTA CTG 류신	CCT CCC CCA CCG 프롤린	CAT CAC 히스티딘 CAA CAG 글루타민	CGT CGC CGA CGC 아르기닌	T C A G
A 아데닌		ATT ATC ATA 메티오닌 이소류신 ATG 메티오닌(개시)	ACT ACC ACA ACG 트레오닌	AAT AAC 아스파라킨 AAA AAG 리신	AGT AGC 세린 AGA AGG 아르기닌	T C A G
G 구아닌		GTT GTC GTA 발린 GAG 발린(개시)	GCT GCC GCA GCG 알라닌	GAT GAC 아스파라긴산 GAA GAG 글루타민산	GGT GGC GGA GGG 글리신	T C A G

(첫 번째의 4개 문자에 두 번째의 4개 문자가 붙는 경우가 4×4=16가지이고,
거기에 다시 세 번째의 4개 문자가 붙는 경우가 16×4=64가지이다.)

그림 2-5 | DNA 염기 배열의 일람표, 4종류의 염기 배열로 64개의 코돈이 생긴다.
그러나 이것으로 64종의 아미노산이 생성되는 것은 아니다(같은 뜻의 코돈이 있기 때문이다).

노산은 변하지 않는다는 것을 의미하고 있다. 이러한 돌연변이가 중립적인 돌연변이의 정체이다.

다음으로 좀 다른 유형의 중립적 돌연변이도 있다. 어떤 단백질을 구성하고 있는 많은 아미노산 중 하나가 상이한 아미노산으로 변해도, 그 변화는 단백질의 기능이나 작용에 전혀 영향을 미치지 않은 경우이다.

우리들의 혈액과 관계가 깊은 헤모글로빈의 α 사슬이라는 부분의 아미노산이 돌연변이를 일으킨다는 사실은 잘 알려져 있다. 그러나 α 사슬은 헤모글로빈의 기능과는 거의 관계가 없다. 그러므로 α 사슬에 돌연변이가 생겨도 헤모글로빈의 기능에는 아무런 영향도 없다. 이러한 돌연변이도 중립적인 돌연변이다. 헤모글로빈의 α 사슬 이외에도, 분자 수준의 중립적 돌연변이는 이미 많이 알려져 있다.

이처럼 유전자 자체나 분자 수준 돌연변이 대부분이 자연도태와는 전혀 무관하게 중립적이란 것이 중립 진화설이다.

휴식이 없으면 진화도 없다

여기서 문제가 되는 것이 유전자의 중립적인 변화와 진화의 관계이다. 원숭이에서 사람으로의 소진화이건, 파충류에서 조류가 되는 대진화이건, 진화는 결국 생물이 크게 변하는 것이다. 그런데 문제는 모습이나 모양과 같은 형질의 변화와 전혀 무관한 돌연변이가 진화에 있어서 어떠한 역할을 하고 있는가? 하는 의문이다.

중립 진화설은 이러한 점에서는 발전의 여지가 있는 이론이다. 그러나 기무라는 이러한 비판에 대해 진화에는 휴식이 필요하다는 '진화의 4단계설'의 제창으로 소진화와 대진화를 설명하고 있다.

우선 처음에, 기무라는 어느 정도 모습이나 모양의 변화를 일으키는 유전자의 변화도 자연도태에 대해 중립으로 볼 수 있다고 전제하고,

(1) 경쟁 상대가 절멸하거나 신대륙이 출현하는 등의 일로 인해, 생

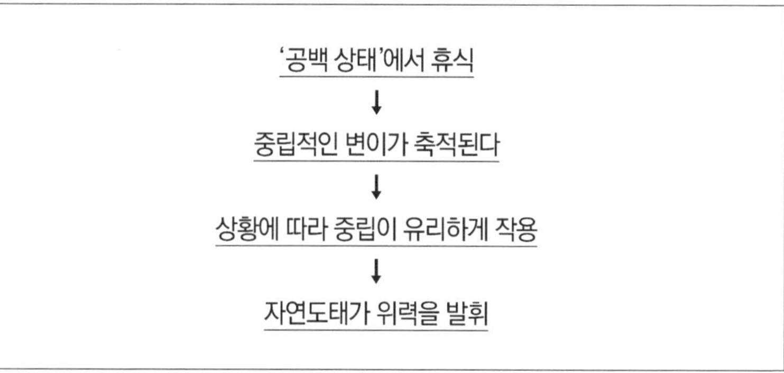

그림 2-6 | 기무라의 4단계설

물의 주변 환경에 공백이 생기므로, 생물은 종 사이의 경쟁이나 종 내 경쟁과 같은 치열한 생존 경쟁으로부터 해방된다.

⑵ 이 같은 휴식의 상태에서는 자연도태의 압력이 느슨해지므로 다양한 중립적인 돌연변이가 급속하게 확산한다.

⑶ 축적한 중립적인 변이도 상황의 변화에 따라서는 생물에게 유리하게 작용할 수도 있다.

⑷ 다양한 변이종이 증가하여 공백이었던 환경이 혼란스러워지면 다시 자연도태가 강하게 작용하므로 변이종 간에 새로운 종이 나타난다.

라는 4단계를 생각하고 있다.

이 새로운 사고의 특징은 생존 경쟁만으로는 진화가 일어나지 않는다. 중립적인 돌연변이를 축적할 수 있는, 휴식처럼 느슨한 상태가 진화에는 불가피하다는 점에 있다고 여겨진다. 느슨한 상태에서의 중립

적 돌연변이의 축적이 없으면 자연도태도 작용할 수 있는 여지가 없게
된다는 것이다.

더욱 깊어지는 수수께끼

휴식 상태가 없으면 진화도 없다는 4단계설로써 공룡이 전멸한 후의
포유류나 오스트레일리아 대륙 유대류의 폭발적인 확산을 적절하게 설
명할 수 있다. 오스트레일리아에서는 코알라, 캥거루, 주머니두더지,
주머니개미핥기 등 다수의 유대류가 급속하게 적응 확산하였다. 또한
5억 년이나 전인 캄브리아기 초기에는 여러 동물이 폭발적으로 출현하
였다는 것도 단세포 생물에서 다세포 생물이 생겨났기 때문이라고 설
명할 수도 있을 것이다.

그러나 기무라는 한번 이루어진 변이가 확산하는 메커니즘은 설명
하고 있지 않다. 새로운 변이종이 이루어지는 메커니즘에 대해서도 거
의 설명하고 있지 않다.

즉, 중립 진화설은 중립적인 돌연변이가 어떻게 모습이나 모양의 변
화를 일으키는, 이른바 중립적이지 않은 유전자의 변화와 연계되는지
를 유전학적으로 설명하지 못한다. 유전자의 변화와 형질 변화 사이에
존재하는 보이지 않는 실에 빛을 비추는 일은 앞으로 남은 큰 과제다.

분명히 유전자의 중립적인 돌연변이가 실제로 존재한다는 것이 밝
혀진 것은 분자 생물학의 커다란 진전이며, 중립 진화설은 과학적인 비
판에 충분히 견딜 수 있는 훌륭한 이론이다. 그러나 진화의 수수께끼는

중립 진화설이 등장하면서 더욱 깊어졌다고 말할 수도 있다.

　다음은 중립 진화설에 호의적인 비판을 가하는 굴드의 단속 평형설을 알아보기로 하자.

단속평형설 **2**

생물은 좀처럼 진화하지 않는가?

극히 최근, 세계적으로 주목받고 있는 새로운 진화론이 '단속 평형설' 이다. 단속 평형설은 집단 유전학이나 분자 생물학 같은 새로운 분야에서 생겨난 진화론과는 다르다.

단속 평형설의 근원은 고생물학이나 화석학이며, 이러한 사실이 단속 평형설의 커다란 특징이다.

단속 평형설을 제창한 것은 미국의 고생물학자 N. 엘드리지(N. Eldredge)와 S. 굴드(S. J. Gould)이며 1970년대의 초기였다. 엘드리지와 굴드의 주장은, 진화는 다윈이 생각하였던 것처럼 일정한 속도로 서서히 진행하는 것이 아니라는 것이다.

단속 평형설에 의하면, 진화는 짧은 기간의 급격한 변화에서 발생하나, 그 후는 상당히 긴 기간에 걸쳐 생물에는 변화가 생기지 않는 상태가 계속된다. 이른바 진화에는 정지하는 시기와 급격하게 변화하는 동적인 시기가 있다는 것이다. 이같이 단속 평형설은 생물이 극히 미소한 변화를 조금씩 축적하면서 진화한다는 다윈 진화론의 일부를 부정하는 입장이다.

단속 평형설 제창자의 한 사람인 하버드 대학의 굴드는 『다윈 이

후』,『플라밍고의 미소』,『팬더의 엄지손가락』,『닭의 이빨』과 같은 진화론에 대한 일련의 베스트셀러를 잇달아 발표하였다. 또한 1974년부터 『내추럴 히스토리 매거진』에 매우 재미있는 진화 수필을 연재하고 있었다. 이러한 굴드의 매력적인 저작 활동에서 소개된 단속 평형설은 어느덧 널리 세상에 알려지게 되었다.

실러캔스(coelacanth)라는 물고기가 있다. 몇억 년 동안이나 지구상에 살고 있는 이 실러캔스는 '살아 있는 화석'이라고 한다. 화석으로 발견되는 실러캔스와 지금도 아프리카 동해안에 서식하고 있는 실러캔스의 모습이나 모양은 거의 같다.

상세한 조사 결과 몇억 년 전의 지층에서 출현하는 화석은 현존하는 실러캔스와 매우 닮았으나, 해부학적으로 다소의 차이가 있다고 한다. 그러나 기본적으로는 실러캔스는 몇억 년 동안 거의 변화 없이 살아온 것이다. 분명히 실러캔스는 몇억 년이라는, 아득한 태고 때부터 별다른 진화도 하지 않았다.

실러캔스만이 아니라, 투구게나 뉴질랜드의 쐐기도마뱀도 살아 있는 화석으로 불리며, 몇억 년이나 거의 변화하지 않고 태고의 모습대로 현재에 이르고 있다. 이러한 사실에 대해 다윈 진화론에서는, 생물은 종류에 따라 진화의 속도에 큰 차이가 있기 때문이라고 설명한다.

그러나 여러 지층에서 발견되는 화석을 연구하면 예상외로 장기간에 걸쳐, 모습이나 모양의 변화없이 안전성을 유지하고 있는 경향이 강한 것 같다. 생물은 좀처럼 쉽게 변화하지 않는 것인지도 모른다.

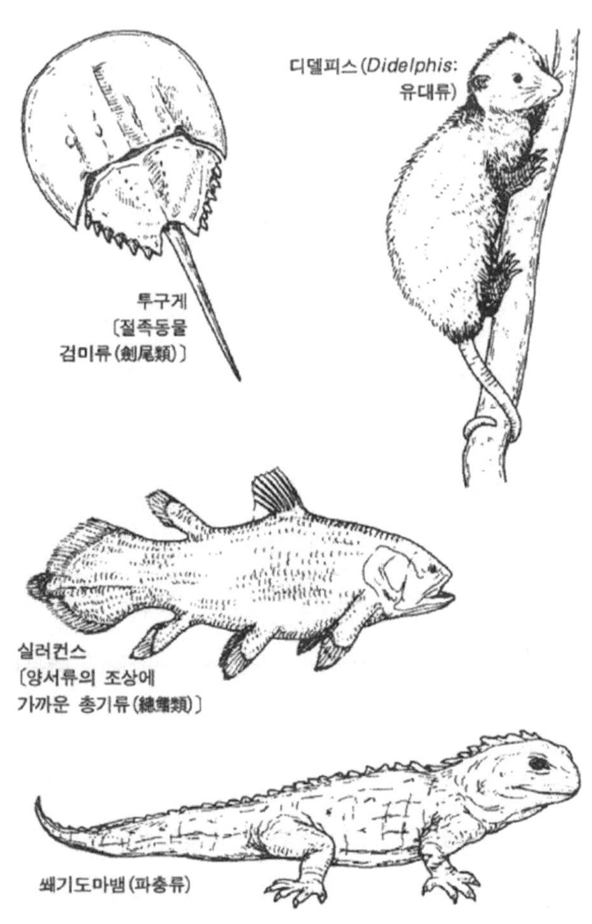

그림 2-7 | 살아 있는 화석. 생물의 종류에 따라서는 몇억 년이나 거의 변화하지 않고 현재에 이르는 것이 있다. 그러한 생물은 '살아 있는 화석'이라 부른다. 실러캔스, 투구게, 쐐기도마뱀, 디델피스 등은 '살아 있는 화석'이다.

부딪친 새로운 사고

화석 연구에 근거한 사실로서는, 새로운 모습이나 모양을 갖춘 화석이 별안간 나타난 다음에는, 상당히 긴 기간 안정된 상태대로 유지하면서 거의 변화하지 않는 화석이 출현한다는 것은 분명해졌다. 이러한 사실은 대단히 오래전부터 알려져 있었으나, 여기에 주목한 엘드리지와 굴드의 단속 평형설에 의해 다시 한번 각광받게 된 것이다.

최근의 종합 진화설에서는 화석 연구보다는 유전학, 특히 집단 유전학이 주류이다. 그러한 환경 속에서 진화론은 돌연히 진부한 고생물학 분야로부터의 새로운 사고에 부닥치게 된 셈이다. 전통 진화설의 입장에서 단속 평형설에 대한 비판이라면 언제나 그랬지만, 화석에서 볼 수 있는 단속 평형 현상이라는 공백은, 아직 중간의 화석이 발견되어 있지 않았다거나, 화석이 되기 어려웠다는 것이다.

단속 평형설에 의하면 화석에서 볼 수 있는 장기간의 안전성이나 돌연한 변화에 대해서 화석이 급격하게 변화한 것같이 보이는 것은 새로운 종이 형성될 때만이라고 한다. 즉, 새로운 종이 형성될 때 생물은 급격하게 형질이 변하나 그 변화가 일단 완료되면 다시 안정된 상태가 유지된다고 설명한다.

물론 여기서 말하는 변화는 생물의 모습이나 모양과 같은 형태가 변화하는 것을 뜻하고 있다. 생물이 급격하게 변하는 시기는 새로운 종이 갈라지는 시기와 일치한다고 한다. 어쩐지 단속 평형설은, 진화는 종을 단위로 하여 발생한다는 입장 같다.

굴드는 생물 중에서도 어떤 특별한 속성이 있는 종은 그렇지 않은 종보다는 종간 경쟁에서 유리하며 자손을 남기는 기회가 많다고 생각하였고 이것이 향상 진화에 이어진다고 하였다.

지금까지는 진화를 진보와 향상으로 보는 향상 진화와, 종의 분기로 보는 분기 진화하고는 각각 별개의 현상임이 상식이었다. 그러나 굴드는 향상 진화는 오로지 종이 분기할 때 종 간의 경쟁이 강하게 작용한 결과라고 주장하였다.

그러나 한편으로는 단속 평형설의 개념 자체는 이미 40년이나 전에 제창된 라이트의 평형추이 이론과 유사하다고 한다. 또한 단속 평형설에는 화석 이외의 관찰 사실이나 실험 자료가 적다(이러한 문제에 실험을 요구하는 자체가 무리한 이야기이기는 하나). 그렇기에 분자 생물학자 중에는 단속 평형설에 흥미 있는 사람이 적은 것 같다.

분자 생물학 분야에서는 매력적인 새로운 발견이 잇따라 일어난다. 집단 유전학 분야에서는, 예를 들어 집단에서의 돌연변이 유전자의 작용을 확률적으로 계산하고, 다시 컴퓨터를 구사하여 복잡한 진화 모델에 대한 도전이 진행되고 있다.

이러한 연구에 열중하고 있는 연구자들에게는 단속 평형설이 불만스러울지 모른다. 그러나 현대의 진화론이란 무대에 재차 화석을 주역으로 하여 도전하였다는 사실은 고생물학 연구자에게 큰 자극을 주었다는 점에서 큰 의의가 있다고 여겨진다.

중립설에 대한 비평

어떤 생물에 집단이 있어, 그 가운데 극소수의 개체에 무엇인가 형태적인 변화가 발생하고, 변화한 개체는 자연도태에 의해 집단 내에 확산한다. 이러한 일이 몇천 세대, 몇만 세대에 걸쳐 계속된다. 그 결과 어떤 생물의 집단 전체가 동일한 변화의 개체로 이루어진다. 다윈 진화론의 주류를 따르는 정통 진화론은 진화의 기구를 이렇게 생각하고 있다.

그러나 굴드에 따르면, 생물의 형태가 진화적으로 변하는 시점은 새로운 종이 형성될 때뿐이라고 한다. 생물의 변화가 새로운 종의 탄생에 국한된다는 단속 평형설은 다윈의 점진적 진화론과는 상당히 다른 관점을 제시한다. 이러한 사고는 어쩐지 이마니시 진화론의 '종은 변할 때가 되면 변한다'라는 뉘앙스와 유사한 것 같다. 그러나 아마도 굴드는 이마니시 진화론에는 동의하지 않을 것이다. 그런데 굴드는『과학』의 1990년 3월호에「엉터리의 아름다움」이란 제목의 논문을 발표하였다. 이 논문의 부제가 '기무라의 중립설에 대해'인 것으로도 알 수 있듯이, 중립 진화설에 대한 굴드의 의견을 피력한 것이다.

굴드는 그 논문에서, "기무라의 중립설은 수학적 표현으로의 간결성과 결과를 정할 수 있다는 점에서 위대한 이점을 갖고 있다."라고 높이 평가하였다.

이어서, "(다윈의) 도태적 과정과, (기무라의) 중립적 변화 중 어느 쪽이 빈번하게 발생하는가에 대한 이 논쟁은 20년간 활발하게 이어지고 있으나, 적어도 이 문제에 대해 특별한 이해관계가 아무것도 없는 제삼자의 판단은, 기본적으로는 무승부 같다. 도태에는 기무라가 최초에 예측한 것보다는 더 큰 영향력이 있다고 평가되고 있으므로, 다윈(의 도태적) 과정은 안정된 고요한 해면상 하나의 물거품은 아니라는 것이다. 그러나 (도태적 과정에 비해) 매우 높은 상대적 빈도로 중립적 변화가 발생하고 있다는 것은 확실한 사실로서 정착되고 있다. 분자 시계는 기무라가 처음 기대했던 것만큼 일관되거나 규칙적이지는 않다. 그러나 다윈의 관점에 따르면, 비록 불완전하더라도 분자 시계가 의미 없다고 볼수는 없다. 이 시계의 작용은 자연계 전반에 걸쳐 나타나며, 그것을 설명하는 데 중립설이 가장 적절한 이론으로 보인다. 또한 분자 시계의 무시할 수 없는 오차는 자연선택과 그 외 여러 요인의 실질적인 영향으로 이해하는 것이 더 타당해 보인다.

그렇지만 아직 분명한 승자가 존재하지 않는 이 논쟁에 있어서, 굳이 누군가에 영광을 돌린다면 나는 기무라에게 돌리는 데 동의할 것이다. 결국 새로운 사고가 낡은 권위주의와 싸워 무승부로 끝난다면, 새로움은 낡아 빠진 사고로부터 상당히 큰 영토를 탈취한 결과가 되기 때문이다(괄호 안은 필자의 주석)."라고 피력하고 있다.

이 문장을 잘 읽어 보면 알 수 있듯이 굴드는 다윈 진화론에도, 중립 진화설에도 전면적인 동의는 하지 않고 있다. 이러한 사실은 단속 평형설이 다윈 진화론에 대해 어쩌면 비판적인 측면을 갖고 있기 때문일 것이다.

진화는 정체한다

단속 평형설에서의 굴드의 가장 명쾌한 주장은 진화에는 정지된 상태가 있다는 것이다. 이것은 진화를 생각하는 데 있어 대단히 중요한 점이라고 여겨진다.

물론 생물은 변화하였기에 진화한 것이다. 다만 이제까지의 다윈 진화론은 생물이 변화한다는 사실에만 지나치게 치중한 나머지, 생물의 안전성, 즉 생물은 예상외로 변하지 않는다는 또 다른 측면을 너무나도 간과하여 왔다.

다윈 진화론이 절대적으로 옳다면, 진화는 지금도 진행하고 있어야 할 것이다. 진화가 'be ~ing', 즉 현재 진행형이라면 어제도, 오늘도, 내일도, 이 지구상의 어디에서인가 진화는 진행하고 있다는 것이 된다.

굴드가 말했듯이, 적어도 형질의 변화를 일으킬 정도의 진화는 정지 상태가 존재한다는 것을 인정해 보자. 혹은 이마니시가 말하는 것처럼, 현재의 지구에서는 어쨌건 진화가 정체되어 있다고 생각해 보자. 그러면 중간형 화석이 발견되지 않는다든가, 유리한 돌연변이가 일어나지 않는다는 등의 다윈 진화론이 안고 있는 모순 중 몇 가지는 일시에 해결되고 만다.

이 진화가 정체하고 있다는 발상은 이마니시가 꽤 오래전부터 제창한 것이다. 그는 "현재는 진화의 정체기라고 보는 편이 틀림이 없는 것 같다."라고 말한다. 다음 장에서는 그 이마니시 진화론에 대해 검토하기로 하자.

이마니시 진화론

서식역 분할이란

이마니시는 서식역 분할과 '종 사회'를 중심적 개념으로 하는 독자적인 진화론을 전개한다. 이마니시 진화론으로 널리 알려진 이 진화론은 1986년에 과학지 『네이처』에 소개되었다.

우선, 이마니시 진화론의 가장 중요한 개념으로 되어 있는 서식역 분할에 대해 간단히 설명해 보자. 이마니시는 교토의 가모강에 서식하는 하루살이의 일종인 4종류의 히라다하루살이 유충에 대하여 조사하고, 강물 흐름의 속도에 따라 흐름의 중심으로부터 우에노하루살이, 별꼬리하루살이, 굽은꼬리하루살이, 요시다하루살이의 순서로 배열되어 분포하고 있는 사실을 발견하였다.

장소나 계절에 따라 조사하여도 하루살이 유충은 역시 같은 순서로 분포하고 있다. 이 사실에서 이마니시는 4종류의 하루살이의 유충이 강물 흐름의 속도에 맞추어 분포하는 자연현상이 존재한다고 여겨, 이 현상을 서식역 분할이라고 불렀다.

다음에 이마니시는 서식역 분할이란 것은 하루살이 유충이 각각 개체로서 서식역을 분할하고 있는 것이 아니라, 종으로서 분할하고 있는 것이라 하여 그러한 서식역 분할을 하는 종을 '종 사회'라고 불렀다.

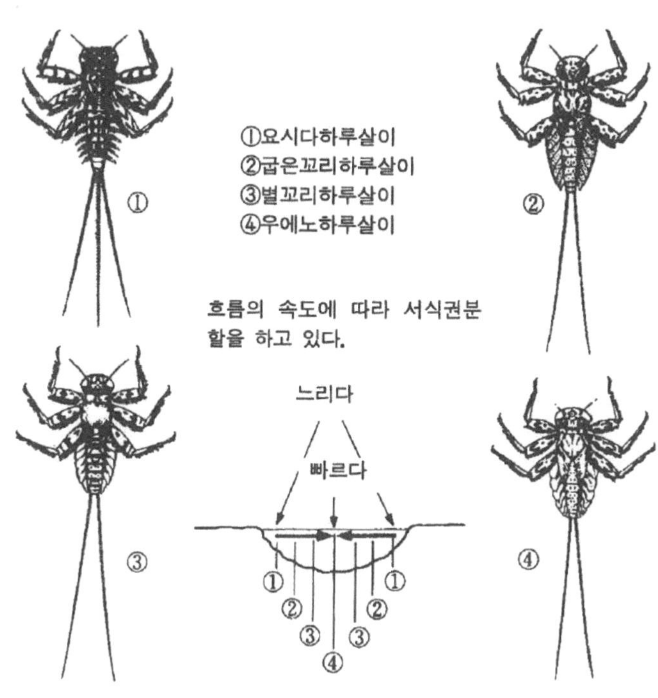

그림 2-8 | 4종류의 히라다하루살이의 서식권 분할

격리설과의 차이

서식역 분할의 개념은 19세기 후반 독일 생물학자 바그너의 격리설과
유사하다. 바그너(M.F. Wagner)의 격리설이란, 동일 종에 속하는 생물이
절대로 넘나들 수 없을 정도의 지형적인 장벽으로 인해 2개 집단으로
분리되었을 때, 새로운 종이 형성된다는 논리이다.

그러나 서식역 분할 개념과 격리설 사이에는 큰 차이가 있다. 분명히 유사한 2종 사이에는 서로 넘나들 수 없는 어떠한 한계가 존재한다고 보는 점에 있어서는 두 개념은 동일하다. 바그너는 이처럼 유사한 종 사이에는 산이나 바다와 같은 절대로 넘나들 수 없는 장벽이 존재하므로 집단 간의 교배가 이루어질 수 없기에 2개의 종으로 갈라진다고 한다.

그러나 서식역 분할 개념에서 말하는 유사한 종 사이에는 경계는 있다더라도, 서로가 함께 서식하고 있다고 보아도 좋을 것이다. 하루살이의 경우와 같이 강물 흐름의 속도가 경계를 이룬다 해도, 2개의 집단은 같은 강에서 생활하고 있으므로 절대로 넘을 수 없는 장벽이 존재한다고는 말할 수 없다. 이런 점이 격리설과의 큰 차이점이다.

잠자리의 일종인 왕잠자리를 예를 들어 보자. 일본에는 왕잠자리와 먹줄왕잠자리라는 유사한 종의 잠자리가 여러 지역에 공존하고 있다.

이 2종 사이의 공존이 어떻게 조절되는가 하면, 양자의 우화(羽化) 시기가 어긋나기 때문이다. 즉 먹줄왕잠자리는 왕잠자리보다 이른 초여름에 우화하므로 양자 간에는 절대로 교잡이 이루어지지 않는다. 이러한 것도 일종의 서식역 분할이다. 같은 종에 속하는 2개의 집단 간 무슨 이유로든 번식기가 어긋나면 그것이 계기가 되어 종의 분화가 생길 수도 있을 것이다.

하루살이도 동일한 현상이 존재한다. 우에노하루살이와 에스큐러스하루살이는 가모강의 중류부와 상류부를 구분하여 서식역으로 삼고 있다. 이 2종의 하루살이는 지역적인 서식역과 동시에 우화 시기에 있어서도 계절적으로 서식역을 분할하고 있다. 에스큐러스하루살이는 먹줄왕잠자리처럼 초여름에 우화하는데, 우에노하루살이는 왕잠자리같이 나중에 우화한다.

이마니시는 생물 세계는 다수의 종 사회로 형성되며 각각의 종 사회는 지구상에 서식역을 분할하고 있으므로 서로 공존한다고 한다. 이러한 서식역 분할이 어떻게 해서 형성되어 있는가를 설명하려는 것이 '이마니시 진화론'인 것이다.

네 가지 특징

다른 진화론과의 차이를 비교하면서 이마니시 진화론의 특징을 알아보기로 하자. 우선 첫째로 이마니시 진화론의 최대 특징은 진화에 있어서 자연도태의 역할을 전면적으로 거부함으로써 다윈 진화론하고 결정적으로 대립하고 있다는 점이다. 이마니시는 진화의 기본적인 단위는 개체가 아니고 종이라고 한다. 더욱 그는 서식역 분할이라는 현상으로 구분된 종 사회라는 개념을 사용하고 있으므로 정확히는 이마니시 진화론에서의 진화의 단위는 종사회가 되는 것이다.

둘째로, 이마니시 진화론에서는 생물 간의 생존 경쟁보다는 지구상에는 130만 종이라는 놀라울 정도로 다양한 생물이 서식하며, 그러한 생물이 각각 진화하였다는 사실에 주목한다. 이들 생물의 종은 땅 위에서 바다에서, 강에서, 하늘에서, 땅속에서 독자적인 생활법을 유지하고 있다. 이러한 사실은 생물이 생존 경쟁을 반복하기보다는 생존할 수 있는 공간을 확대하면서 서식역을 분할하고 있는 것으로 해석한다.

셋째 특징은, 종을 구성하고 있는 개체 간에는 기본적인 차이가 없다고 보고 있다. 종은 변화하지 않고 유지될 수 있다면, 가능한 한 변화하지 않는다. 이마니시는 이러한 보수적인 특징을 갖고 있는 종이 그야말로 우발적으로 생기는 돌연변이에 의해 분산적으로 진화하는 일은 있을 수 없다고 보았다.

넷째로, 생물의 종이 부득이 어떤 변화를 해야만 할 시, 개체가 분산적으로 변화하는 것이 아니라, 종 전체가 동시에 변화한다고 여기고 있다. 이마니시는 이러한 것에 대해 "종은 변화할 때가 되어 변화한다."라고 대담하게 표현하고 있다. 그러나 유감스럽게도 이마니시는 핵심이 되는 변화의 메커니즘에 대해서는 아무런 설명도 하지 않았다.

이마니시 진화론은 이상과 같은 점에서 다윈 진화론하고는 근본적으로 상이한 진화론이다. 그러므로 많은 학자들로부터 이단시되고 있는 것 같다. 그러나 한편으로는 현재로서 이마니시 진화론은 다윈 진화론과의 대립을 분명하게 주장하고 있는 유일한 진화론으로서 평가하는 전문가도 적지 않다.

개체의 변화가 자연도태에 의하여 종의 변화로까지 확대하는 것이 아니라 긴 안목으로 보면 종 전체가 어떤 일정한 방향으로 변해야 하기에 변하는 것이 진화라고 이마니시는 말한다. 매우 안전성을 유지하고 있는 유전자의 우연한 돌연변이와 아직 실험적으로는 확인된 바 없

	이마니시 이론	다윈 이론
모든 생물은 공통된 조상에서 진화하였다	인정한다	인정한다
진화가 생기는 레벨 (변화하는 것)	종(종 사회)	개체
변화의 요인	미지의 메커니즘에 의한 정향적 변화	돌연변이 (네오 다위니즘=자연도태 만능설)
종의 발생과 고정	자연도태의 부정과 서식역 분할에 의한 고밀도화	최적자의 적응과 자연도태에 의한 분기
방법론	생물계를 종 사회의 유기적 조화체로 보는 전체주의(마크로한 견해)	개체레벨의 이론으로 환원할 수 있다는 환원주의 (미크로한 견해)
이론 형성의 동기	하루살이 유충의 서식역 분할의 발견과 종 사회 개념의 전개	육종에 의한 인위 도태로부터 자연도태의 발상을 전개
이론상에서의 의문점 또는 미해결의 부분	정향 진화의 메커니즘 (정향성과 그 시기)	• '적응'이란 개념의 동의 반복성 • 자연도태의 실존성 • 돌연변이 누적에 따른 대진화의 설명
생명의 발생에 대하여	언급 없음	언급 없음

표 1 | 이마니시 이론과 다윈 이론의 비교

는 자연도태란 개념으로, 좀 무리하게 진화를 설명하려는 다윈 진화론이 전면적으로 옳다고 할 수는 없듯이 이마니시의 이론도 잘못되었다고 간단히 말할 수는 없을 것 같다.

서양 과학 문명을 오랫동안 유지한 방법론은 모든 것을 미시적으로 보는 환원주의이다. 이런 뜻에서 어디까지나 개체의 변화를 중시하는 다윈 진화론은 진화의 원자론이라고도 할 수 있다.

물리학 분야에서의 빛나는 성공은 환원주의로부터의 선물이었다. 그렇다고 해서 진화라는 분야에서도 같은 성공을 이룩한다는 보증은 아무것도 없다. 혹시나, 진화라는 생물계의 현상을 설명하기 위해서는 이마니시 진화론으로 대표되는 바와 같이 생물 사회를 전체로 보는 것과 같은 거시적인 개념이 필요할지도 모른다.

이마니시 비판

이마니시 진화론이 다윈 진화론의 가장 기본적 개념인 자연도태의 존재 그 자체를 인정하지 않는 이상, 양자 사이에 격심한 논쟁이 있는 것은 당연할 것이다. 이마니시 진화론과 관련된 논쟁은 영국 레딩 대학의 고생물학자 L. B. 할스테드(L. B. Halstead)가 1985년 10월호 『네이처』지에 「일본에서의 반(反)다윈설」이란 제목의 논문을 발표한 것으로 시작되었다.

이 논문은 1984년에 할스테드가 3개월 정도 교토 대학에 있을 때 쓰였다. 이 논문은 「이마니시 저작의 일본에서의 인기로서 일본 사회의

흥미로운 통찰을 얻을 수 있다」라
는 부제로 알 수 있는 바와 같이
이마니시 진화론을 자연과학적인
시각으로 고찰했다기보다는 일종
의 일본론이라고도 할 수 있을 것
같다.

내용은 우선 이마니시 진화론
의 요약을 해설한 다음, 이마니시
진화론이 왜 일본인들에게 인기
가 있는가를 고찰하고 있다. 이마
니시의 비합리적이며 감상이 가
득한 허황된 이야기는 걱정스럽

그림 2-9 | 이마니시 긴지(今西錦司 1902~
1992). 등산가, 탐험가로서도 유명한 생태
학자. 일본 문화훈장 수상.

고 절망적인 경쟁사회에서 살고 있는 많은 일본인에게 꿈과 희망을 주
고 있기에 폭 넓은 인기가 있다고 논하고 있다. 그리고 이마니시 진화
론에 대한 과학적인 비판은 끝부분에서 언급하고, '서식역 분할'과 '종
간 경쟁'에 대해서 비판적으로 언급하고 있다.

할스테드는 이마니시가 발견한 하루살이 유충의 서식역 분할 현상
이 이마니시가 주장하는 바와 같은 프로토 아이덴티티 등에 의한 것이
아니라고 비판하고 있다.

또한, 이마니시가 생물 사회의 본질이 경쟁보다는 조화에 있다는 데
대해 "최근의 담수, 해양, 육상에서의 실험, 생태학적 연구는 전체 연구

실례의 약 90%에서 종끼리의 경쟁이 있다는 것을 시사하고 있다."라고
지적하며, 이마니시 진화론을 강력하게 부정하고 있다.

할스테드의 논문이 발표된 후, 이마니시 진화론과 관련된 논쟁은 세
계적으로 야기되었다. 1986년 4월부터 10월까지의 짧은 기간에 8편이
라는 논문 또는 단신이 『네이처』지에 연이어 게재되었다.

논쟁은 끝났다?

논쟁의 서막은 캐나다 수산해양부 스코샤-펀디 지역 수산연구소의 M.
싱클레어(M. Sinclair)에 의해 열렸다. 싱클레어는 할스테드의 일본에 대
한 문화적 편견을 지적하고, 이어서 할스테드는 종합 진화설에서의 종
내 경쟁의 역할과 종간 경쟁의 역할을 혼동하고 있다고 비판하였다. 이
러한 할스테드 자신의 잘못이 이마니시 진화론에 대한 부당한 비평의
원인이라고 논하였다.

할스테드는 구체적인 문헌의 제시도 없이 종내 경쟁의 역할을 인정
하지 않는 진화론은 그 밖에도 몇 가지가 있다고 논하고 있다. 이 점에
대해서도 싱클레어는 종합 진화설(네오 다위니즘)의 창시자인 아우구스
트 바이스만의 「자유로운 자연계에서 인간이 하는 재배 사육가의 대리
를 하고 있다고 다윈이 믿고 있는 생존 경쟁이란, 육식성 동물과 그 획
득물 간에 벌어지는 직접적인 투쟁이 아니라, 같은 종에 속하는 개체
간에 존재한다고 추정되는, 살아남기 위한 싸움을 말한다」라는 논문을
인용하여 다윈의 진화론이나 종합 진화설에서의 자연도태의 개념은 종

내 경쟁을 전제로 하고 있다는 것이 명백하다고 논하고 있다.

뉴질랜드 오클랜드 대학의 C. D. 밀러(C. D. Miller)의 반론도 신랄하다. 밀러는 할스테드의 "전체 연구 사례의 약 90%는 종간 경쟁이 있다는 것을 시사하고 있다."라는 주장에 대해, 반대로 언더우드가 1984년에 다수의 연구에 대해 검토한 논문을 인용하여, 이 주장은 매우 부정확하다고 비판하고 있다.

캐나다의 T. D. 아일즈(T. D. Iles)도 할스테드가 문제를 제기한 그 자체에 대해서 의문을 가지고 있다. 아일즈는 '일본에서의 반다윈설'같이 할스테드가 이마니시 진화론을 강인하게 반다윈주의로 처리하여 버리는 것은 마치 아인슈타인을 '반뉴턴식'으로 보는 것과 같은 처사라고 비판하였다.

역시 캐나다의 앨버타 대학 인류학자 파멜라 J. 아스퀴스는 이마니시의 서식역 분할이나 종 사회와 같은 개념의 중요성을 인정하고 할스테드의 이마니시 비판은 이론적이라기보다는 짧은 기간의 일본 체류 일기 같은 것이라고 말하였다.

이같이 외국 연구자들로부터 할스테드에 대한 많은 반론이 이루어졌다. 한편으로는 할스테드에 찬성하는 논문도 발표되었다.

교토 대학에 유학하여 생물학 연구를 하고 있던 영국 앤돌 러시터는 경쟁 그 자체가 하나의 상호 작용이며, 경쟁과 그것이 생기는 방법에 대해서 표준적인 정의를 설정할 필요가 있다는 것을 강조하고 있다. 그리고 과학적인 논증은 뚜렷한 자료를 기초로 하여 이루어져야 하는데,

이런 점에서 이마니시 진화론에는 중대한 결함이 있다고 하였다.

또한 교토 대학 영장류 연구소의 사쿠라 등은 기시다·가와다의 "일본에서 진화론의 연구가 지체된 것은 이마니시 진화론 때문이다."라는 주장을 소개하였다. 사쿠라 등도 일본에서의 이마니시 진화론의 악영향을 불식하고자 노력하고 있다고 말하였다.

여기서 인용한 가와다의 주장이란, 이마니시가 말하는 "개체와 종은 분산적인 것이 아니라 조화 속에 전체와 개체의 관계가 있다."라는 주장에 대해, 전체로서 조화를 유지하기 위해서는 종이 개체를 통제하고 억제하는 일이 반드시 필요하므로 이마니시 진화론의 조화라는 생각은 전체주의와 맥락을 같이하는 것으로 여기고 있는 것 같다.

또 사쿠라 등은 이마니시 진화론을 '반(反)다윈'으로 규정하는 것은 아주 오해이며, 이마니시 진화론은 다윈 진화론의 일부에 불과하다고 주장하였다.

이러한 이마니시 진화론을 둘러싼 격심한 논쟁에 대해『네이처』지는 1987년 3월에 할스테드가 답하는 형식으로「일본에서의 진화론에 대한 이마니시의 영향」이란 논문을 게재하였다.

이 논문에서 할스테드는 "처음의 논문이 과학적이라기보다 사회학적이라는 지적은 지당하다."라고 전제하고 나서, 이어서 "이마니시 진화론의 과학적인 내용에 대해서는 거의 할 말이 없다."라고 했다. 그러면 2년간이나 무엇 때문에 논쟁을 계속하였는지 모르게 된다. 정평 있는『네이처』도 단념했는지, 할스테드 논문의 최후에 새삼스럽게 "논쟁은 끝났다"라고 꼬리를 달았다.

이 논쟁을 통해 알게 된 것은, 이마니시 진화론의 옳고 그름을 빨리 단정하는 것보다는, 진화론 중의 한 견해로서 이마니시 발상을 재고할 수 있었던 점이 중요하였는지도 모른다.

이마니시가 말하는 "변할 때가 되면 변한다"라는 대담한 발상은 다음에서 말하는 연속 공생설하고도 일맥상통하는 바가 있다.

제2의 기적

박테리아도 식물도 동물도 모두가 세포로 이루어져 있다. 사람은 60조 개의 세포로 이루어진 생물이다. 세포는 박테리아와 같이 원핵 세포와 곰팡이, 동물, 식물과 같이 다세포 생물을 구성하고 있는 진핵 세포의 2개 유형으로 구분할 수 있다.

　진핵 세포에는 핵막으로 둘러싸인 핵이 있으며, 또한 엽록체, 미토콘드리아, 편모, 섬모 등과 같은 세포 소기관을 갖고 있다. 그에 비해 원핵 세포의 구조는 극히 단순하다. 생명이 탄생하고 나서 20억 년 동안은 지구상의 모든 생물은 원핵 세포의 박테리아뿐이었다.

　그러면 어떻게 단순한 원핵 세포로부터 복잡한 구조의 진핵 세포가 진화하였을까 하는 의문이 생긴다. 진핵 세포의 기원에 대해서는 이제까지의 상식으로는 세포의 막 같은 것이 진화하여 세포 내 소기관이 생겼다는 '내생설'이 유력하였다.

　그런데 1960년대에 이르러 대표적인 세포 내 소기관인 엽록체와 미토콘드리아가 세포의 핵에 있는 유전자하고는 다른 유전자를 갖고 있다는 것이 밝혀졌다. 이러한 사실로서 세포 내 소기관은 외래의 원핵 세포인 박테리아로부터 유래하였다는 '공생설'이 유력해졌다.

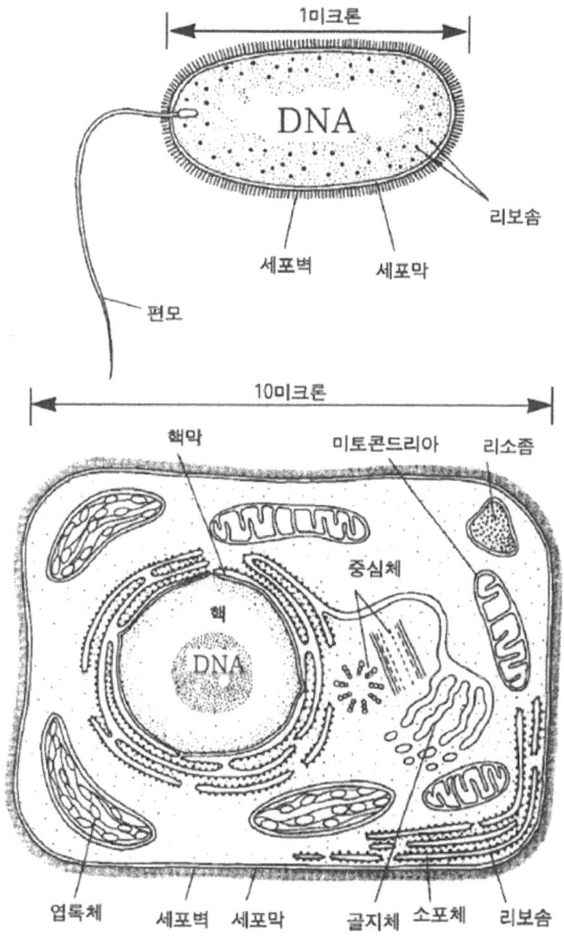

그림 2-10 | 원핵 세포(위)와 진핵 세포(아래). 작은 원핵 세포 내에는 모양이 일정하지 않은 DNA가 있을 뿐이고 뚜렷한 구조를 볼 수 없다. 한편 진핵 세포 내에는 뚜렷한 세포 소기관이 존재한다.

『생명조류』의 저자이며 야외 조사를 중시하는 행동적 과학자로서 널리 알려진 옥스퍼드 대학의 라이얼 왓슨(L. Watson)은 공생설에 대해, "어느 때 갑자기 믿을 수 없는 일이 생겼습니다. 지구상에 생명의 종자가 뿌리내린 것을 제1의 기적이라 한다면 이것은 제2의 기적입니다. 놀랍게도 어떤 한 종의 세포가 다른 세포와 합체하여 하나의 동 맹관계를 이루게 된 것입니다. 그것은 기동성을 갖추었는데, 먹이를 구하는 데서도 유리하게 움직일 수 있는 전혀 새로운 세포의 탄생이었습니다. 즉 여러 개의 생명이 협력하여 뛰어나게 우수한 다른 세포를 탄생시킨 것입니다."(『Life Tide』에서)라고 표현하고 있다.

전혀 상이한 세포끼리의 합체에 의한 새로운 세포의 탄생이란 제2의 기적 없이는 인류가 이 세상에 존재할 수 없었다.

흰개미는 목재를 소화할 수 없으므로

'생물에는 '공생 현상'이 있다는 것은 잘 알려져 있다. 공생 현상에는 상리 공생과 편리 공생이 있다. 상리 공생에서는 종이 다른 개체끼리 서로 이익을 얻고 있다. 편리 공생은 한쪽만이 이익을 얻고 다른 한쪽은 별로 이익이나 불이익도 얻고 있지 않는 관계이다.

편리 공생에는 대형해삼과 그 항문에 숨어 사는 카라푸스속 (Carapus)의 어류, 상어에 붙어 사는 빨판상어(Echeneis) 등이 있다.

상리 공생에는 수분 공생이나 청소 공생이 있다. 식물이 꿀을 곤충이나 새에 제공하는 대신에 새나 곤충은 화분을 운반한다는 것이 수분

그림 2-11 | 소라게가 아닌, 큰 조개에 부착하여 이동하고 있는 말미잘

공생이다. 래스(wrasse: 놀래기과의 바닷고기)나 나비고기류나 예쁜이새우과에 속하는 소형의 새우가 육식성 고기의 몸이나 입속에 들어가 기생충이나 먹이 찌꺼기를 먹어 치우는 것이 청소 공생이다. 청소의 혜택을 입는 동물은 태연하게 기다리고 있다.

어떤 종의 소라게와 말미잘 간에는 이동과 보호의 상리 공생이 성립되는 것도 알려져 있다. 이같이 눈에 보이는 공생 이외에도 영양분을 주거니 받거니 하면서 서로가 이익을 얻고 있는 많은 상리 공생이 있다.

지의류는 지구상의 어디에서나 볼 수 있는, 나무나 바위에 붙어서 자라는 이끼 모양의 생물인데, 실은 서로 다른 2개의 식물이 공생하는 것이다. 한쪽의 식물은 녹색 해조의 일종이다.

이 해조는 광합성으로 에너지를 획득한다. 다른 한쪽의 식물은 버섯의 종류이다. 어느 쪽이나 단독으로는 매우 생명력이 약한 식물이지만, 두 식물이 함께 공생하므로 대단히 생명력이 강한 생물이 된다. 실제로 지의류는 사막이나 남극의 바위에서도 살 수 있다.

흰개미도 영양분을 주고받는 방법으로 공생하고 있다. 흰개미는 목재를 먹지만, 실제로는 먹은 목재를 소화하는 능력이 없다. 흰개미는 목재의 성분인 셀룰로오스나 리그닌을 분해하는 효소를 생성할 수 없다.

흰개미의 몸속에는 몇백만의 박테리아가 있는데, 이 박테리아가 목재를 소화한다. 박테리아는 목재를 영양으로 하고, 흰개미도 박테리아가 분해한 것을 영양으로 삼는다. 또한 흰개미의 장 기관 내에는 살아가는 데 필요한 질소를 흰개미가 이용하기 쉬운 화합물로 변화시키는 박테리아도 있다.

산호에도 갈충조라고 하는 편모조류가 공생하고 있다. 이 조류는 광합성의 일부를 숙주인 산호에 공급하고 있다. 그러므로 산호는 영양이 충분하지 않은 환경에서도 살 수 있다. 반면에 갈충조는 숙주인 산호로부터의 노폐물을 영양으로 삼고 있다.

이 같은 생물 간의 공생 예는 이 밖에도 많이 있다. 그러나 공생이라고는 해도 각각의 생물은 전적으로 별개의 개체로서 살아가고 있다.

진디의 불가사의

이상 예시한 경우와는 전혀 다른 불가사의한 공생이 지구상에는 존재한다. 바로 '세포 내 공생'이다. 세포 내 공생이란 박테리아가 동물이나 식물의 세포 내에 침입하여 서로가 이익을 얻는 공생을 말한다.

콩과식물과 그 뿌리에 있는 근류 박테리아의 세포 내 공생은 잘 알려져 있다. 근류 박테리아는 콩과식물에서 영양을 공급받는 대신에, 공기 속의 질소를 콩과식물이 영양으로 이용할 수 있는 형태로 변환한다. 콩과식물과 근류 박테리아의 공생관계에 있어서는 식물세포 내에 직접 박테리아가 침입해 있다.

또한 곤충의 세포 속에도 박테리아가 존재한다는 것이 알려져 있다. 진디는 진드기라고도 불리는 곤충인데, 개미와의 공생은 너무나도 잘 알려져 있다. 그러나 실제로는 진디에 개미보다 더 깊은 관계가 있는 공생의 상대가 있다. 진디의 몸속에는 균세포라고 불리는 대형 세포가 있다. 이 균세포 내에 다수의 박테리아가 침입하여 '공생체'로서 생활하고 있다.

공생체인 박테리아는 발생 과정에 있는 진디(구체적으로 배)에 감염하므로 다음 세대로 이어진다. 그러므로 공생 박테리아는 진디의 체외에서 생활하는 기회란 전혀 없다.

이 공생 박테리아는 균세포에서 적출하면 살 수 없다. 또한 진디에 항생 물질을 투여하여 균세포 내의 박테리아를 죽이면 진디는 자손을 남길 수 없게 된다. 콩과식물과 근류 박테리아의 세포 내 공생에 있어

서는 서로가 상대편이 없어도 살아갈 수 있는 데 비해, 진디와 공생 박
테리아는 서로가 상대가 없으면 살아갈 수가 없다.

이러한 세포 내 공생이란 현상이 진핵 세포의 성립과 유관한 것으로
보는 견해가 있다. 그것이 세포 진화 과정에서의 공생설이라고 불리는
가설로서, 바야흐로 진화론의 분야에서는 하나의 조류가 시작하고 있다.

다른 세포를 받아들여서 진화

진핵 세포 내에 존재하는 엽록체나 미토콘드리아 같은 세포 내 소기관
은 박테리아의 세포 내 공생으로 발생하였다는 견해는 일찍부터 있었
던 것 같다.

독일의 식물학자 심퍼(A. Schimper)는 1883년에, 엽록체가 공생의
결과로 생겨났다는 가능성을 시사한 바 있다. 또한 독일의 R. 알트만(R.
Altmann)은 1890년에 미토콘드리아가 세포하고는 독립적인 별개 생명
체란 견해를 발표하였다. 그러나 이러한 고전적인 공생설은 무시되었
고, 얼마 안 되어 세포 소기관은 세포막이 진화한 것이라는 견해가 주
류를 이루었다.

그런데 1962년 H. 리스와 W. 프라우트가 엽록체 내에는 세포의 유
전자하고는 독립적인 별도의 유전자가 존재한다는 사실과 엽록체의 유
전자와 원핵 세포인 남조의 유전자는 다 같이 존재 양식이 매우 유사하
다는 것을 알게 되었다. 리스와 프라우트는 이러한 결과에서 진핵 세포
에 존재하는 엽록체의 기원은 세포 내 공생을 한 남조인 것으로 여겼다.

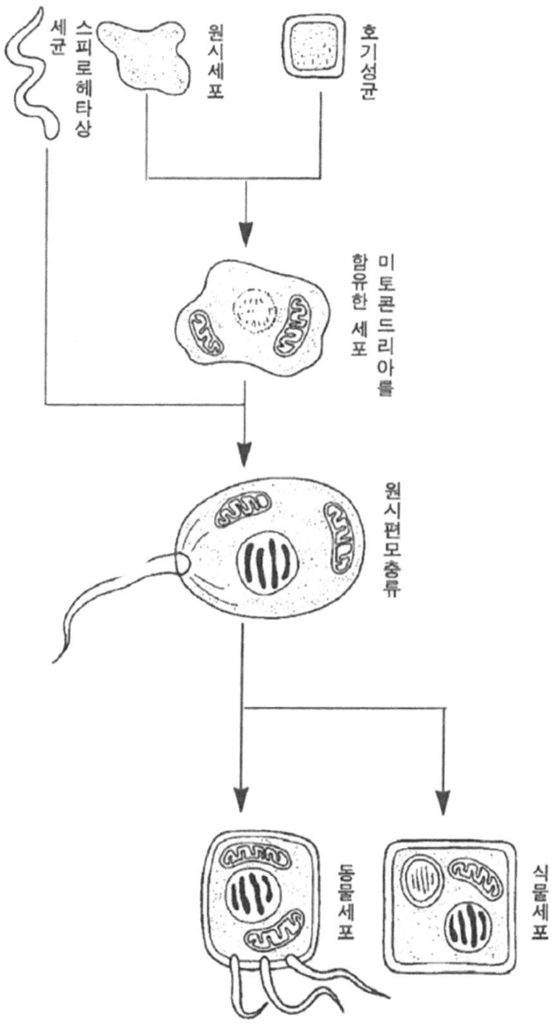

그림 2-12 | 진핵 세포의 기원에 관한 마굴리스의 공생설

때를 같이하여, 미토콘드리아에서도 독립적인 유전자가 발견되므로 미토콘드리아나 엽록체는 공생의 결과로 발생하였다는 공생설이 재차 등장하기에 이르렀다.

이러한 새로운 공생설을 이론적 체계로 집대성한 것이 보스턴 대학의 과학자 린 마굴리스(L. Margulis)이다. 마굴리스는 1967년에 '연속 공생설'이라는 새로운 학설을 발표하였다.

지구에 산소가 적었을 때는 산소가 필요하지 않은 혐기성 박테리아의 천하였다. 얼마 안 있어 남조가 탄생하여 대기 중에 산소를 방출하기 시작하니, 혐기성 박테리아는 차차 생활하기가 어려워졌다. 그러한 시기에 돌연히 혐기성 박테리아의 세포 내에 호기성 박테리아가 들어가 공생이 시작되었다.

공생하는 혐기성 박테리아와 호기성 박테리아는 상호 이용함으로써 더 큰 에너지를 획득할 수 있게 된다. 그 결과, 상호 간의 의존성은 높아지고, 얼마 안 되어 혐기성 박테리아에 흡수된 호기성 박테리아는 미토콘드리아가 된다. 이렇게 하여 아메바와 비슷한 새로운 생물이 지구상에 탄생하게 된다.

이 아메바와 같은 세포는 다시 새로운 공생 상대와 결합한다. 끈 모양의 형태를 한 스피로헤타의 종류와 공생하므로 편모를 갖게 되고, 운동 능력이 있는 곰팡이나 동물의 세포로 진화한다.

한편 아메바 모양의 세포에 남조가 공생하므로 엽록체를 갖는 식물의 세포가 형성된다.

다윈이 생각하는 식으로, 만일 원핵 세포가 느린 일정한 속도로 진핵 세포에 진화하였다면 원핵 세포와 진핵 세포의 중간형의 세포가 존재하지 않는 사실하고는 모순된다. 그러나 마굴리스의 연속 공생설에 의하면, 그러한 불연속성에 대해서도 대단히 명확하게 설명할 수 있다.

실험은 말한다

세포 내 공생에 관한 연구에는 흥미로운 실험이 몇 가지 있다.

1966년 미국 테네시 대학의 동물학자 전 광(Jeon Kwang)은 배양 중인 아메바에 착오로 박테리아를 감염시켰다. 이 불운한 실수는 얼마 후에 뜻하지 않던 결과를 가져왔다.

아메바에 감염한 박테리아는 아메바의 체내에서 증식하여 아메바를 죽였다. 그러나 그중에는 박테리아에 죽지 않는 아메바가 있었다. 살아남은 아메바를 배양하였더니, 얼마 후에는 박테리아와 아메바가 공존하게 되었다. 더구나 박테리아는 아메바가 분열한 후에도 분열한 2개의 아메바 속에 계속 존재하였다. 바야흐로 아메바와 박테리아의 공생이 시작된 것이다.

전 광이 이 공생을 상세히 조사한 결과, 이 박테리아가 죽으면 아메바도 함께 죽는다는 사실을 알았다. 그러므로 박테리아가 없어도 살 수 있는 아메바의 핵을 박테리아와 공생 중인 아메바에 이식(핵을 바꾼다)하니 몇 세대 후에 그 아메바는 박테리아 없이는 생존할 수 없게 되었다.

이에 대해서는 아직 명확하지 않은 점도 있으나, 공생이 아메바의

핵(즉 유전자)에 불가역적인 영향을 미친 것만은 사실인 것 같다. 혹시나 세포 내 공생에 의한 생물의 진화가 지금도 지구의 어디선가 진행 중인지도 모른다.

또 하나는, 도쿄 대학의 이시가와가 한 진디의 균세포 속에 공생하고 있는 박테리아에 관한 흥미로운 실험이다.

진디의 공생체인 박테리아를 균세포에서 적출하여 단백질을 생성시켜 보니, 박테리아는 몇백 종류를 초과하는 단백질을 생성하였다. 이러한 사실은 진디에 공생하는 박테리아는 몇백 종류의 단백질을 생성할 수 있는 유전자를 갖고 있다는 것을 알려 주고 있다.

그러나 이 공생 박테리아는 균세포 내에 있을 때는 오직 1종류의 단백질만을 생성하고 있었다. 이시가와는 이 1종류의 단백질을 '심바이오닌(Symbionin)'이라고 명명하였다. 나머지 대부분의 단백질은 균세포가 생성하여, 공생체 내로 보내진다.

여기서, 단백질 합성을 둘러싼 공생체와 숙주인 진디의 균세포와의 관계에 대하여 알아보자. 공생체인 박테리아는 균세포 내에서는 자체의 유전자 발현은 전적으로 억제당하고 있으나, 그 대신 숙주에서 여러 가지의 단백질을 공급받고 있는 것 같다. 혹은 단백질을 공급함으로써 숙주는 공생체의 유전자 발현을 억제한다고도 볼 수 있다.

공생체가 균세포 내에서 대량으로 합성하는 유일의 단백질인 심바이오닌을 조사한 결과, 대장균에 존재하는 '샤페로닌'이라 불리는 단백질의 집합에 관여하는 단백질과 같은 것이었다. 이러한 결과에서 이시가와는 샤페로닌은 박테리아에서 유래한 것으로 해석하였다.

미토콘드리아와 엽록체 이외에도 공생이 원인이라 여겨지는 세포 내 소기관이 실험적으로 증명되고 있다. 1990년에 D. J. 러크와 J. L. 홀에 의해 클라미도모나스(Chlamydomonas)라고 불리는 녹조 편모의 근원에 있는 기저 소체라는 세포 내 소기관에는 녹조의 유전자하고는 별도의 독립적인 유전자가 존재한다는 사실이 입증되었다.

이같이 진핵생물이 갖고 있는 세포 내 소기관은 세포막 등이 변화하여 형성된 것이 아니라 독립적인 원핵생물이 진핵 세포 내에 공생함으로써 형성되었다는 공생설은 세포의 진화만이 아니라 생물 진화를 논할 때도 대단히 중요한 역할을 한다.

공생에 의한 진화를 인정한다는 것은, 종의 장벽을 초월한 유전자의 교류나 두 생물이 공생을 통해 종래와는 다른 전혀 새로운 능력을 획득하고, 그 결과 새로운 생물로 진화한다는 것을 받아들이는 일이다. 연속 공생설은 이러한 관점을 바탕으로, 기존의 진화론을 재조명하려는 사조를 강력하게 뒷받침할 것으로 여겨진다.

다음에 설명하는 바이러스 진화설도 진화의 메커니즘을 재조명하는데 있어 불가결의 발상이라고 할 수 있을 것이다.

바이러스 진화설

유전자의 수평 이동

'바이러스 진화설'은 진화를 바이러스에 의한 전염병이라고 여기는 새로운 유형의 진화가설이다. 유전자가 바이러스에 의하여 생물에서 생물로 전달된다. 전달된 유전자가 생물의 유전자를 변화시킨다. 이른바 바이러스에 의한 유전자의 수평 이동으로 진화가 생긴다는 생각이다.

다윈 진화론을 비롯하여 이제까지의 모든 진화론에서는 유전자가 양친으로부터 자손으로, 수직으로 이동한다는 것 이외에는 염두에 없었다. 진화론이라면 돌연변이 등에 의한 유전자의 변화가 어떻게 자손에게 전달되어 고정되는가를 논했을 뿐이다.

그러한 것과는 대조적으로, 유전자의 수평 이동을 이론적인 기간으로 한 점이 바이러스 진화론의 특징이다. 또한 바이러스 진화론에서는 바이러스에 의한 유전자의 수평 이동은 동일 종의 생물에만 생기는 것이 아니다. 유전자는 생물 종의 벽을 초월하여 이동한다고 여기고 있다. 다른 종에 속하는 생물끼리도 유전자의 흐름이 있다고 생각하는 것이다.

이 바이러스 진화론은 1971년에 저자 등이 이마니시와의 왕복 서한에서 처음으로 제창한 것이다. 처음에는 아무도 귀를 기울이지 않던 이 같은 발상이 조금씩 평가받게 된 배경에는 암(癌) 바이러스와 바이오테크놀러지(biotechnology)가 있다. 레나토 둘베코(R. Dulbecco) 박사라면 1975년에 노벨상을 수상한 암 바이러스의 권위자인데, 「세포의 유전적 변화에서의 바이러스의 역할」이란 제목으로 1990년 10월 노벨상 포럼 강연에서, "레트로바이러스(retrovirus)는 세포 사이를 여기저기 이동하는 능력이 있다. 그 결과 세포의 유전자에 변화가 생기고 이것이 생물의 진화하고 연관되어 있다. 레트로바이러스는 생물진화에 대해서도 우리에게 시사하는 것이 있다."라고 했다.

라이얼 왓슨은 바이러스를 "진화의 계통수 가지에서 가지로 넘나들며 나르는 나비 같은 것"이라고 표현하고 있다.

쓸모 있는 바이러스

바이러스는 사람을 비롯하여 동물, 식물, 박테리아 등 모든 생물의 질병의 원인이 된다. 바이러스에 의해 생기는 사람의 질병은 여러 가지가 있다. 천연두, 일본뇌염, 소아마비, 광견병, 홍역, 풍진, 인플루엔자 등은 모두가 바이러스에 의한 전염병이다.

이 밖에도 세계를 무대로 기승을 부리는 에이즈 바이러스, B형 간염 바이러스나 ATL 바이러스 등의 암 바이러스도 있다. 바이러스는 그야말로 '감기에서 암에 이르는' 많은 전염병의 병원체이다. 그러므로 바이러스는 공포의 대상이 되고 있다.

그러나 바이러스는 사람에게 해만 주는 것이 아니라 때로는 쓸모도 있다. 바이오테크놀러지의 분야에 유전자 재조합(genetic recombination)

이라는 기술이 있다. 사람인슐린을 만드는 유전자 등을 '벡터(vector)'라고 불리는 유전자의 운반체에 조합하여 대장균 등에 집어넣는 기술을 말한다.

유전자는 생물의 설계도이다. 사람은 사람인슐린을 만드는 설계도의 유전자를 갖고 있다. 설계도를 기초로 하여 인슐린을 생성하는 것

바이러스	바이러스 보유 동물	전파양식 (매개동물)	감염자
우두 바이러스	소	접촉	사람
도가 바이러스과	새, 포유류	모기, 진드기	사람, 가축
광견병 바이러스	개, 고양이, 박쥐	물린 상처	사람, 가축
뉴캣슬병 바이러스	새	접촉	사람
LMC 바이러스	설치류	흡입	사람
부니야바이러스과	새, 포유류	모기	사람
레오바이러스과 (오르비바이러스속)	포유류	모기, 진드기	사람, 가축
인플루엔자바이러스A형	말, 돼지, 새	흡입	사람

표 2 | 사람과 가축에 공통인 전염병(『현대의 의미생물학』에서)

이 세포라는 공장이다. 사람인슐린을 생성하는 설계도를 다른 생물의 세포공장으로 가져가서 사람인슐린을 생성하는 것이 유전자 재조합이다. 실제로 사람인슐린의 유전자를 대장균에 집어 넣으면, 대장균은 사람인슐린을 생성한다. 사람인슐린의 설계도 는 대장균이란 공장에서도 충분히 기능을 발휘하는 것이다.

유전자 재조합에서는 벡터라 불리는 운반체(전달체)가 필요하다. 이 벡터의 하나로 이용되는 것이 바이러스이다. 바이오테크놀러지에서 바이러스가 유전자의 운반체로서 인간에게 유익한 각종 유전자를 전달하는 역할을 하고 있다.

슈퍼 생쥐(Super mouse)가 처음으로 탄생한 것은 1982년의 일이었다. 슈퍼 생쥐란 보통 생쥐의 2배나 되는 체중의 생쥐를 말하며, 유전자 재조합 기술로 만들어 낸 인공적인 생물이다.

쥐(보통 쥐)의 뇌하수체에서 성장 호르몬을 생성하는 유전자를 꺼내어 대장균의 유전자에 집어넣음으로써 새로운 유전자를 만든다. 이 유전자를 대장균에서 꺼내어 임신한 생쥐의 수정란 속에 집어넣고, 다시 그 수정란을 다른 임신한 생쥐의 자궁에 이식한다.

그 결과 쥐의 성장 호르몬을 생성하는 유전자를 갖는 생쥐가 태어났다. 이 슈퍼 생쥐는 뇌하수체가 아니라 간장에서 계속해서 성장 호르몬을 생성한다. 이 이유는 성장 호르몬의 유전자와 함께 그것이 간장에서 기능을 발휘할 수 있는 유전자를 함께 집어넣었기 때문이다.

슈퍼 생쥐는 유전자 재조합으로 만들어진 변종이라고도 볼 수 있다.

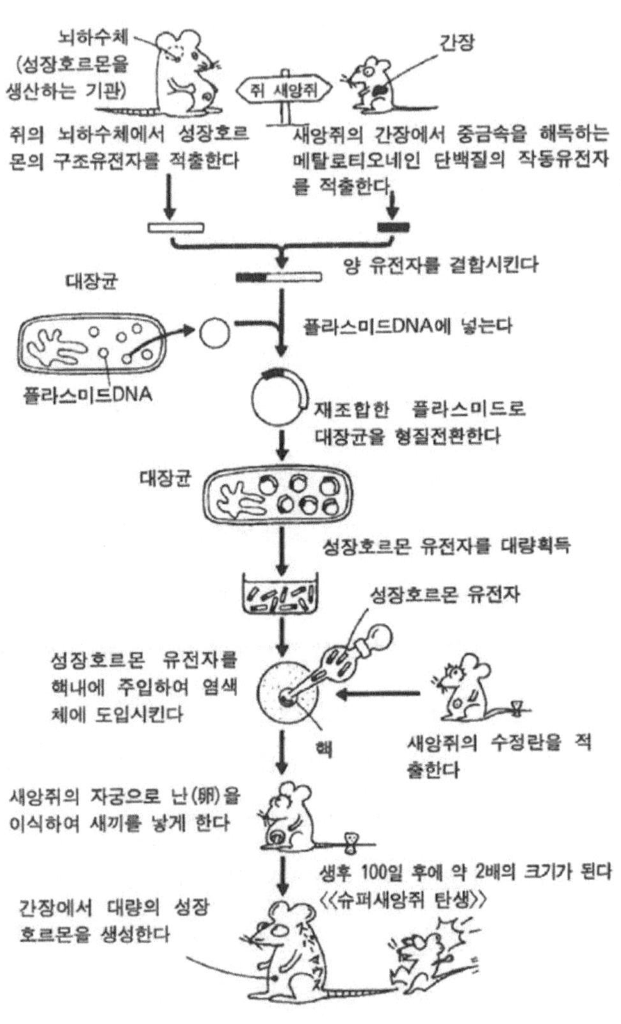

그림 2-13 | 슈퍼 생쥐 만들기

이 슈퍼 생쥐의 수놈과 보통 쥐의 암놈을 교배하니, 태어나는 생쥐의 절반은 쥐의 성장 호르몬을 만드는 슈퍼 생쥐였다. 즉, 슈퍼 생쥐는 유전하게 되는 것이다.

사람은 자연을 앞지를 수 없나?

바이러스 진화설에서 슈퍼 생쥐는 두 가지 의의가 있다고 여겨진다. 첫째는 쥐에서 생쥐로, 슈퍼 생쥐가 되는 유전자의 수평 이동이 이루어졌다는 것이다. 둘째는 슈퍼 생쥐가 유전했다는 것이다. 이러한 사실은 쥐에서 생쥐로 수평 이동한 유전자가 생쥐의 양친에서 자손으로 수직 이동한 결과가 된다.

다음은 슈퍼 생쥐와 같은 방법으로 트랜스제닉 생쥐(transgenic mouse)라는 유전병이 있는 생쥐가 인공적으로 만들어졌다. 일본에서는 도카이 대학 의학부의 가쓰키가 신경 세포를 싸고 있는 미엘린 초(鞘)가 형성되지 않는 유전병이 있는 트랜스제닉 생쥐를 만드는 데 성공하였다. 트랜스제닉 생쥐끼리 교배시키자 몸이 떨리는 증상을 멈출 수 없는 트랜스제닉 생쥐가 태어났다. 트랜스제닉 생쥐도 유전하게 되는 것이다. 또한 구마모토 대학의 야마무라도 코끝에서 눈까지의 거리가 짧은 트랜스제닉 생쥐를 만들었다.

사람인슐린을 만드는 대장균, 슈퍼 생쥐, 트랜스제닉 생쥐는 유전자 재조합으로 만들어 낸 일종의 품종 개량 생물이라고 생각할 수 있다.

다윈 진화론을 받쳐 주는 큰 기둥의 하나는 자연도태이다. 다윈이 자연도태라는 발상을 하게 된 힌트는 육종(育種)이라는 가축이나 곡물의 품종 개량이었다. 다윈은 품종 개량을 위해 인간이 비교적 유익한 동물이나 식물을 선택하는 것을 인위 도태라 불렀다. 인위 도태와 동일한 일이 자연계에서도 서서히 진행되고 있다고 보고, 자연이 이룩하고 있는 품종 개량을 자연도태라고 하였다.

바이러스 진화론에서도 인위적으로 가능한 품종 개량이 자연계에서도 생길 것이라는 점에서는 다윈과 전적으로 같은 입장이다.

바이오테크놀러지는 현대의 품종 개량이다. 바이오테크놀러지에서 유전자 재조합할 때, 시험관 내에서 생기는 바이러스에 의한 유전자의 수평 이동이 자연에서도 생긴다고 보는 것이 바이러스 진화설의 기본적인 개념이다.

놀라운 '파지 변환'

그런데 바이러스에도 여러 가지가 있다. 가장 간단한 바이러스의 분류에 의하면, 바이러스가 감염하는 숙주에 따라 동물성 바이러스, 식물성 바이러스, 세균성 바이러스로 구분된다. 이 사실로도 알 수 있는 것은 바이러스는 지구상의 모든 생물에 감염된다는 것이다.

이 중에서도 흥미로운 것은 세균성 바이러스이다. 세균성 바이러스는 박테리오파지(bacteriophage) 또는 파지(phage)라고도 불린다. 박테리오파지는 세균을 용해하는 데서 발견되었으므로 박테리아(세균)를 파지(먹는다)한다는 이름이 붙게 되었다.

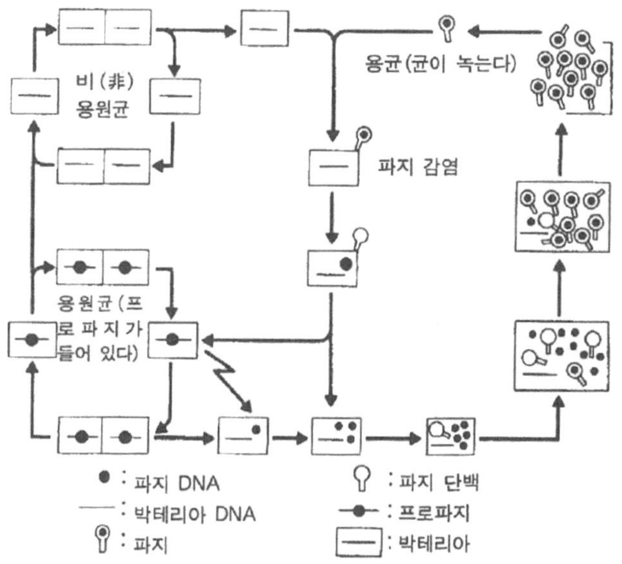

그림 2-14 | 템퍼레이트 파지의 생활주기

그러나 파지에는 박테리아를 용해하거나 죽일 뿐만 아니라 세균의 유전자 속에 잠입하는 종류도 많다. 숙주인 세균의 유전자 속에 집어넣어진 상태의 파지를 프로파지(Prophage, 프로는 '原'의 뜻)라고 한다. 세균을 죽이지 않고 프로파지가 될 수 있는 파지가 '템퍼레이트 파지(temperate phage)'이고, 세균을 용해하는 파지가 '비룰런트(독성이 있는) 파지(virulent phage)'이다.

템퍼레이트는 온화하다는 뜻인데, 이 템퍼레이트 파지가 다양한 유전자를 세균에서 세균으로 운반한다. 그런데 템퍼레이트파지가 감염되고, 프로파지로서 유전자 내에 들어가지 않으면 세균의 기능을 발휘하지 못하는 것도 있다.

보툴리누스균은 강력한 독소를 생성하는 세균으로 유명하다. 이 균은 사람 목숨까지 빼앗을 정도의 강한 독소를 만든다. 이 독소에는 여러 가지 종류가 있으나, 그중 한 독소를 만드는 것은 실제로는 세균의 유전자가 아니라 프로파지가 가진 유전자이다. 마치 세균에 기생하고 있는 것 같은 파지가 숙주인 세균을 조절하고 있다.

즉 파지는 세균의 유전자 자체를 변화시키고 있다. 바이러스는 생물의 유전자를 변화시켜 그 생물을 바꿔 놓을 수 있다. 이러한 사실은 '파지 변환'이라 불리는데, 암 바이러스에서도 동일한 현상이 발견되고 있다.

암 바이러스에 의해 암유전자가 도입되면 정상 세포에 암이 발생한다는 사실이 알려져 있다. 암 바이러스인 레트로바이러스(retrovirus)는 숙주의 유전자 내에 도입된다. 숙주의 유전자에 들어간 암 바이러스는 파지의 경우와 같이 '프로바이러스(Provirus)'라 불린다.

더욱 놀라운 것은, 도입된 숙주의 세포 내에서 바이러스가 증식할 때 숙주의 암유전자를 반입하는 바이러스가 존재한다는 것이다. 이러한 사실로 미루어 볼 때, 자연계에서도 더욱 광범위하게 바이러스에 의한 유전자의 수평 이동이 이루어질 수도 있다고 여겨진다. 따라서 바이러스가 진화에 큰 역할을 하고 있다고 보아도 별로 이상하지는 않을 것이다.

기린은 바이러스병에 걸린 것이다!

최근에는 돌연변이와 자연도태만으로 진화를 논하는 정통 진화론에 대해 이의를 부르짖는 학자가 적지 않다. 화석의 연구에 의하면 다윈 진화론에는 많은 의문점이 있다는 것은 주지의 사실이다. 기린의 목에 관해서, 정통 진화론에서는 목이 긴 기린일수록 높은 나뭇잎을 먹을 수 있기에 살아남을 확률이 높고, 그 때문에 조금이라도 목이 더 긴 기린이

그림 2-15 | 우파루파는 도롱뇽이 어린 상태인 채로 생식 능력이 생긴 유형 성숙이다. 바이러스에 의해 성장과 관계되는 유전자가 변질하였을 가능성도 배제할 수 없다. 사람도 형태적으로는 원숭이의 유형 성숙이다.

자손을 많이 남기게 되므로 목이 길어졌다고 설명한다.

그러나 화석에서는, 200만 년 정도 전의 목이 짧은 기린과 현존하는 목이 긴 기린의 화석만 출현할 뿐, 중간 길이의 화석은 전혀 출현하지 않는다. 정통 진화론의 입장에서는 화석 발굴이 불충분하기 때문이라고 하나, 기린의 목은 200만 년 정도 전에 한 번 길게 되었을 뿐, 그 후는 변화하지 않았을지도 모른다. 기린만이 아니라 많은 생물에 대해 이행기(移行期)의 화석이 출현하지 않는다는 사실은 이상한 일이 아닐 수 없다.

이 다윈 진화론의 약점인 이행기의 화석이 없다는 사실을 바이러스 진화설로 설명하기란 간단하다. 기린은 목이 길어지는 괴기한 바이러스성 전염병에 걸렸다고 보는 것이다. 이 바이러스성 전염병을 '진화병'이라 부르기로 하자. 바이러스가 유전자를 전달함으로써 진화하게 된다면 화석으로 보는 급격한 변화를 설명할 수 있다. 1918년에 인플루엔자 바이러스에 의한 스페인독감으로 5,000만 명이 목숨을 잃었고, 일본에서도 38만 명이 사망하였다. 이 숫자에서도 알 수 있듯이 바이러스는 강력한 전파력이 있다.

그 밖에도 다윈 진화론으로 도저히 설명할 수 없는 것이 있다. 그것은 사람이 비타민C를 생성할 수 없는 것이다. 사람은 자신의 체내에서 비타민C를 만들 수 없으므로 비타민C를 음식물로 섭취하지 않으면 생존할 수 없다. 대부분의 생물이 비타민C를 만들 수 있는데, 진화한 사람이 비타민C를 만들 수 없다는 사실도 이상한 일이다.

　　2개의 노벨상을 수상한 바 있
는 미국의 라이너스 폴링(Linus
Pauling)은 비타민C의 대량 섭취
라는 건강법을 제창하였다. 폴링
은 사람에게는 너무나 많은 유전
자가 있기에 비타민C를 생성하
는 유전자를 버리는 것으로 부담
을 줄일 수 있었다고 한다. 다윈 진
화론을 믿는 한 사람이 비타민C를
만들 수 없다는 사실은 이처럼 자
연도태로 설명할 수밖에 없다.

그림 2-16 | 라이너스 폴링(1901~1994).
캘리포니아 공과대, 스탠퍼드대 등 교수
역임, 노벨화학상, 노벨평화상 수상

　　그런데 사람은 비타민C가 부
족하면 괴혈병으로 죽을 수도 있
다. 생명을 유지할 수 없는 유전자를 상실한다는 것이 자연도태로 생겼
다고는 도저히 생각할 수 없다. 산에서 조난되었을 때, 생명에 관계되
는 식량부터 버리는 사람은 없을 것이다. 더욱이 사람 유전자의 95%는
의미 없는 유전자다. 따라서 비타민C를 만드는 유전자 대신에 의미가
없는 유전자를 버려도 무방할 터인데, 구태여 생명에 관계되는 유전자
를 잃을 필요는 없을 것이다.

　　이 불가사의한 사실도 바이러스 진화설로 설명이 된다. 사람이 원래
갖고 있었던 비타민C를 만드는 유전자에 바이러스가 감염하여 유전자

의 기능을 상실하였다고 보는 것이다.

바이러스는 전자 현미경으로 겨우 볼 수 있을 정도로 작다. 구조도 단순하고, 생명의 최소 단위인 유전자와 그 유전자를 보호하는 껍질로서 이루어져 있다. 바이러스가 생물인가, 생물이 아닌가 하는 논쟁은 많은 생물학자 사이에 반복되었으나, 아직도 해결되지 않은 문제이다. 앞에서도 나온 바 있는 노벨상 수상자인 달베크는 "바이러스는 살아 있는 세포 내에서 증식할 때는 살아 있다고 말할 수 있으나, 세포 밖으로 나오면 살아 있다고는 할 수 없다."라고 말하고 있다.

바이러스 진화설에서는 바이러스는 생물이 아니고 유전자를 운반하는 도구로 보고 있다. 생물에 있어서 도구란 보기 위해 존재하는 눈이나 걷기 위해 존재하는 발 같은 뜻으로서의 기관을 말한다. 바이러스는 유전자를 운반하기 위해 존재하는 세포 내 기관(organelle)으로 간주한다.

얼핏 보기에는 터무니없는 바이러스 진화설에 대하여 많은 비판이 있는 것은 당연하다. 그러나 이제까지의 진화론에서는 생각할 수도 없었던 유전자의 수평 이동에 대해 착안하였다는 것은 앞으로서의 진화론에 영향을 미치지 않을 수 없을 것이다.

그 밖의 진화론 6

진화론에는 다양한 가설이나 이론이 있다. 일찍이 고생물학, 분류학, 생태학, 비교 해부학, 발생학, 고고학을 기초로 한 진화론이, 그리고 최근에는 유전학, 분자 생물학, 생화학, 바이러스학, 동물 행동학 등 최신 분야의 지식이나 연구를 구사한 진화론이 제창되고 있다.

그러므로 앞서 설명한 다윈 진화론, 종합 진화설, 연속 공생설, 바이러스 진화설 이외의 몇 가지 진화론을 소개하면서 진화론의 추세를 정리하여 보기로 하자.

라마르크 진화론

진화와 관계되는 논쟁은 19세기의 '다윈 진화론'과 '라마르크 진화론'의 대립을 효시로 하여 언제나 뜨겁게 이루어져 왔다.

그런 뜻에서 J. 라마르크(J. Lamarck)에 대한 언급 없이 진화론을 논할 수는 없다. 라마르크는 18세기에 태어나 19세기 초엽에 활약한 프랑스의 생물학자이다.

18세기에 이르러 박물학의 급속한 발달로 세계 각지에서 발굴된 화석이나 지구상의 동식물 관찰 등이 허다하게 모이거나 알려지게 되었다. 이러한 사항을 시대적 배경으로 하여 프랑스의 G. 부폰(G. Buffon)

은 신의 창조설에 회의를 품거나 다윈의 조부인 에라스무스 다윈은 생물의 변이와 유연 관계를 밝히는 등 선구적인 학자들은 진화론을 제창하기 시작하였다.

그러나 지금으로 볼 때는 세계 최초로 '종은 변화한다'라는 사고를 이론적으로 확립하고 하나의 체계로서 집약한 것은 라마르크였다. 라마르크가 1809년에 발표한 『동물철학』에는 나중에 이르러 라마르크 진화론으로 부르게 되는 라마르크의 사고가 명확하게 기술되어 있다. 라마르크는 2개의 원리를 기간으로 하여 진화론을 전개하였다.

첫 번째 원리는 '용불용설'로 불리고 있다. 용불용설이란 동물의 기관 중에서도 사용 빈도가 높은 유용한 기관은 진화하고 반대로 사용되지 않는 기관은 퇴화한다는 사고이다.

두 번째 원리가 '획득 형질의 유전'이다. 획득 형질의 유전은 이름 그대로 용불용의 원리에 의해 생긴 변화가 자손에게 전달된다는 사고이다.

라마르크의 시대에는 지금으로서는 중학생조차 알고 있는 유전자가 당시까지는 발견되지 않았다. 그러므로 라마르크는 눈으로 볼 수 있는 생물의 모습이나 모양과 같은 형질을 관찰함으로써 이러한 원리를 추리하였다.

라마르크 진화론의 기본적 원리라고도 할 수 있는 획득 형질의 유전은 전면적으로 부정돼 버렸던 시기가 있었다. 그러나 최근의 분자 생물학의 지식으로는 획득 형질의 유전을 재고하는 경향도 일부 있다.

생식질 연속설

1885년 독일의 A. 바이스만(A. Weismann)에 의해 제창된 진화론이다. 개체 간 나타난 극소한 형질의 차이가 유전됨에 따라 종내에 축적된다고 여기는 다윈에 대하여, 바이스만은 생식질(生殖質, 유전자에 해당하는 것)의 본질은 불변한다고 주장하였다. 바이스만은 쥐 꼬리를 절단하고, 그 절단된 꼬리가 자손에게 전달되지 않는 사실을 확인한 것이다. 지금으로 볼 때는 역시 유치하고 조잡한 실험이다.

다윈에 대한 비판에서 시작한 바이스만의 실험은 곧 획득 형질의 유전을 전면적으로 부정하는 실험으로 여겨지게 되어, 그 후의 진화론에 큰 영향을 미치게 된다.

격리설

19세기 말에 독일의 모리츠 바그너가 제창한 진화론이며 종이 어떻게 형성되는가를 설명한 것이다. '격리설'이란, 새로운 종은 바다나 사막과 같은 생물이 절대로 넘나들 수 없는 지리적인 격리로부터 생긴다는 사고이다. 바그너는 새로운 형질이 종내에 정착하기 위해서는 어떤 생물의 집단이 어떠한 동기에 의해서든 간에, 원래의 집단으로부터 지리적으로 완전히 격리되어야 한다고 보았다. 지리적으로 격리되면 집단 상호 간의 교잡이 이루어지지 않게 된다. 이러한 상태가 오랫동안 계속되면 격리된 집단은 얼마 안 되어 원래의 집단하고는 교배할 수 없을 정도로 체형이 변화하여 새로운 종이 형성된다는 것이다.

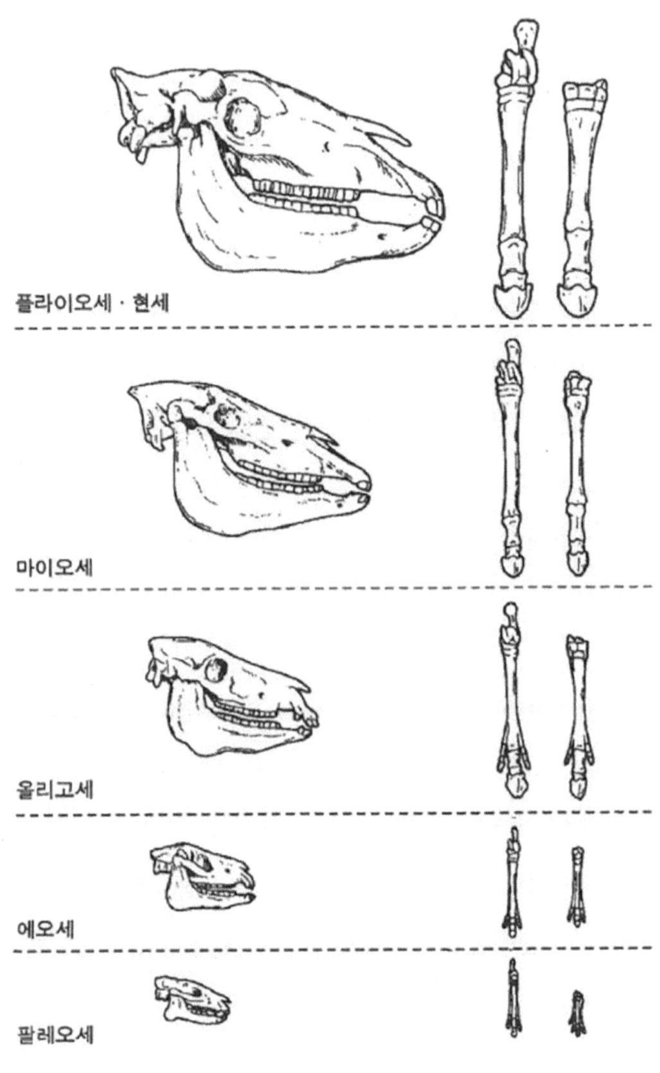

그림 2-17 | 말의 진화(머리, 뒷다리, 앞다리).
점차 몸이 커지면서 발가락뼈가 줄고, 이가 복잡해진다.

정향 진화설

일찍이 독일의 W. 하케(W. Haacke)는 생식질은 환경하고는 관계없이 일정한 방향으로 진화한다고 주장하고, 이것을 '정향 진화(定向 進化)'라고 불렀다. 정향 진화는 독일의 동물학자 T. 아이마의『나비의 정향 진화』가 출판됨으로써 널리 알려지게 되었다. '정향 진화설'에서는 진화는 자연도태와는 무관하게 직선적으로 진행한다고 여긴다.

이러한 사고와는 별도로 미국의 고생물학자 E. D. 코프(E. D. Cope)는 화석연구를 기초로 하여 진화에는 정향성이 있다고 주장하였다. 또한 코프의 제자인 H. F. 오즈번(H. F. Osborn)은 1917년에『생물의 기원과 진화』를 저술하여, 새롭게 진화하는 생물의 집단은 일정한 방향으로 진화한다고 주장하였다. 이 정향 진화설은 종합 진화설의 기수이기도 한 미국의 고생물학자 G. G. 심슨에 의해 부정돼 버렸다.

그러나 심슨은 원시적 말인 에오히푸스(Eohippus)에서 현대의 말인 에쿠우스(Equus)로의 진화가 직선적이란 것은 잘못이라고 지적하고, "이 경과가 결코 무작위적이 아니라고 여겨지는 사실도 여전히 남아 있다. 이러한 일련의 변화는 가령 이제까지 흔히 설명되었던 것처럼 규칙적인 것이 아니라 할지라도, 방향성과 지향성을 갖고 있다. 이 밖에도 몇백 혹은 몇천의 경우에서도 어떠한 방향성이 있는 것은 분명하다."(심슨『진화의 의미』)라고 기술하고 있다.

이러한 사실을 고려하면 진화에서의 방향성은 아직 검토의 여지가 남아 있는 것같이 여겨진다.

내부 선택설

영국의 생물학자 J. 홀덴(J. Haldane)이 1940년대에 제창한 진화론이다. '내부 선택설'은 돌연변이와 자연도태를 인정한다는 점에서는 다윈 진화론과 같은 입장이다. 그러나 홀덴은 돌연변이를 일으킨 유전자는 환경에 따라 자연도태가 되기 이전에, 우선 생물의 체중에서 어떠한 조화의 혼란 여부를 선택하게 된다고 여기고, 이 선택을 내부 선택이라 불렀다.

내부 선택설은 다윈 진화론에서의 자연도태 이외에 내부 선택이란 또 하나의 새로운 개념을 추가하였다 하여 '확대 종합설'이라고도 불린다.

유전자 중복설

1960년대 후반부터 미국의 시티 오브 호프(City of Hope) 의학연구센터의 오오노(大野乾)가 제창한 진화론이다. 오오노는 대부분의 돌연변이가 생물에게는 불리한 변화만을 일으킨다는 사실에서 '유전자 중복'의 역할에 주목하였다.

생물은 동일한 기능을 갖는 유전자를 하나가 아니라 여러 개 가진 경우도 있다. 예를 들어 헤모글로빈을 만드는 유전자는 10개 이상이나 있는데, 이러한 유전자의 중복을 유전자 중복이라 부른다. 그중에는 10만 또는 100만이나 중복하는 유전자조차 있다. 어떤 유전자에 돌연변이가 생겨도 같은 유전자가 복수로 있으면 생물에게는 치명적이 안 된다. 오오노는 이러한 유전자 중복으로 생물이 살아가는 데 나쁜 영향을 미치지 않고, 새로운 형질의 유전자를 갖게 될 수 있다고 보고 있다.

이동 평형설

1932년 미국의 집단 유전학자 세워드 라이트(S. Wright)가 제창한 것이 '이동 평형설'이다. 라이트는 개체수가 적은 집단에서는 유전자의 변화가 확산되기 쉽다는 사실을 통계학적으로 입증하였다. 이 사실로써 라이트는 어떤 지역에 격리된 작은 집단으로 구성된 종에서는 진화의 속도가 빠르다고 보았다.

그림 2-18 | 오오노 스스무(大野乾). 시티 오브 호프 의학연구센터 생물부장. 1성(性) 결정 유전자의 분리는 높이 평가받고 있다.

그런데 세계적 규모의 교통 발전으로 이제까지는 일본에 없었던 생물이 다수 외국으로부터 도입되고 있다. 그중에는 일본에서 급속히 번식한 생물도 적지 않다. 청귀뚜라미는 50년 전에 남양에서 일본 요코하마에 상륙하여 지금은 간사이(關西) 지방에까지 퍼져 있다. 미국산 흰불나방(백색에 갈색 반점이 있는 조그만 나방)은 1945년에 일본에 침입하여 불과 10년 사이에 거의 전국적으로 퍼졌으며, 조개벌레는 1900년경에 일본에 상륙하여 감귤밭의 해충이 되었다. 최근에는 국화과 식물인 키다리미역취가 유명해졌다.

이러한 극소수의 집단으로부터 번식한 외래 생물도 원래의 종하과 별로 달라진 점을 발견할 수 없다. 더욱 세대교체를 거친 다른 생물의 예를 보아도 역시 마찬가지이다. 즉, 라이트의 생각은 수학적으로는 옳다고 하여도 자연계에서는 어딘가 실정에 맞지 않는 이론같이 보인다. 기무라의 중립설은 이러한 모순을 발단으로 하여 생긴 것이다.

신라마르크 진화론

다윈 진화론이 종합 진화설로 발전하고 있던 1885년, 미국의 팩카드에 의해 제창된 것이 라마르크 진화론을 발전시킨 '신(네오)라마르크 진화론'이다.

신라마르크 진화론은 획득 형질의 유전을 새롭게 인식하려는 진화론이다. 이 이론은 20세기에 접어들면서 종합 진화설의 발전과 더불어 급속하게 영향력을 상실하였다.

그러나 1930년에 이르러 소련의 유전학자 미추린과 리센코가 획득 형질을 유전시키는 접목(接木) 등의 방법으로 우수한 품종을 만드는 '영양 잡종'에 성공하였다고 발표하였다. 그 결과 다시 신라마르크 진화론이 부활하였다.

리센코는 다윈 진화론을 부르주아 진화론이라고 배척하고, 공산주의 사상과 신라마르크 진화론을 결합시켜서 정치적인 성공을 얻고자 하였다. 그러나 그 후 적어도 과학적으로는 리센코가 실증하였다는 획득 형질의 유전은 소련에서도 그 이외의 나라에서도 부정된 것 같다.

성장 지체설

일본의 아사마(後間一男)가 제창한 신라마르크 진화론에 가까운 진화론이 '성장 지체설'이다.

아사마는 지구에서의 지사적인 규모의 기후 변동이 생길 때 볼 수 있는 식물의 단순화나 왜소화 등의 현상은 환경이 직접 유전자에 영향을 미침으로써 생기는 일종의 유형 성숙과 같은 진화에 기인하는 것으로 보았다. 이 성장 지체설과 비슷한 생각은 1940년대에 이미 도쿠다(德田御給)에 의해 제창된 바 있다. 그러나 아사마의 성장 지체설에서는, 특히 환경이 작용하는 대상이 일반형질 그 자체를 지배하는 유전자가 아니라, 그 형질의 발현을 양적으로 좌우하는 '폴리진(polygene)'이라고 불리는 유전자라는 점이 특이하다.

혈연 선택설

진화론에 있어 생물의 모습이나 형태의 변화에만 주목하는 것이 아니라 동물의 행동에 초점을 맞추는 일도 중요하다.

1940년대부터 오스트리아의 로렌츠, 영국의 틴베르헌 등에 의해 발전한 것이 동물 행동학이다. 동물 행동학과 집단 유전학이 연계하여 이제까지의 진화론하고는 약간 다른 시각의 진화론이 대두하였다.

다윈 이래 동물의 행동은 모두가 개체나 집단에는 유리한 것으로 여겨 왔다. 공작의 수컷이 눈부시게 아름다운 날개를 펴는 것은 암컷에 대한 성적 과시로서, 우수한 수컷이 보다 많은 암컷을 배우자로 하여

그림 2-19 | 집단 자살하는 나그네쥐

자손을 늘리는 것은 종으로서는 유리하다고 보았다.

나그네쥐의 집단 자살은 전설적인 이야기이다. 이 이상한 행동에 대해서조차, 나그네쥐의 수가 이상 수준으로 증가하였을 때 종을 남기기 위해 대이동하여 자살한다거나, 원래의 장소에서는 번식하기 어려운 개체가 다른 장소로 헤엄쳐 이동하려 할 때 익사하는 것도 집단으로서는 유리한 행동으로 해석한다.

그런데 리카온이란 동물은 무리를 형성하나, 무리 중 한 마리의 수컷만이 생식하여 자손을 남기고 다른 리카온은 새끼를 돌보는 일만 한다.

벌에서도 일벌이나 병정벌은 자손을 남기지 않는다. 동물의 행동에는 표면적으로는 자기를 희생하는 것같이 보이는 이타적 행동이 많다.
이러한 이타적 행동을 설명하기 위해 1964년에 영국의 W. D. 해밀턴
(W.D. Hamilton)이 제창한 것이 '혈연 선택설'이라는 생각이다. 혈연 선
택이란 혈연을 보존할 개체가 선택받게 된다는 뜻이다.

해밀턴은 자신의 자손이 생육할 가능성이 거의 없을 때는 같은 무리
중에서 자신과 같은 유전자나 혹은 흡사한, 이른바 혈연적인 유전자를
자손에게 전하는 편이 좋을 것이라는 발상을 한 것이다.

정향 돌연변이설

1989년 하버드 대학의 J. 카일러스에 의해 실험적으로 증명되었다는 아
주 새로운 학설이다. 이제까지 돌연변이는 유전자에 생기는 무작위적인
방향성이 없는 우연한 변화로 여겨져 왔다.

하지만 정향 돌연변이설에 의하면, 문자 그대로 돌연변이에 방향성
이 있다는 것인데, 이 설이 『네이처』지에 발표되자 전 세계 과학자들은
놀라움을 금치 못했다.

유당을 분해하지 못하는 대장균을 극히 미량의 유당을 첨가한 한천
배지(寒天塔地)에서 배양하면 유당을 분해할 수 있는 돌연변이가 보통의
경우보다 더 많이 생긴다. 이 유당을 분해하는 돌연변이는 대장균이 증
식하고 있을 때가 아니라, 한천배지에서 증식이 정지된 안전 상태에서
생기는 것이다. 이러한 사실은 이 실험에서의 유당을 분해하는 돌연변
이는 유당을 극히 미량 첨가함으로써 생기는 방향성 있는 돌연변이임

진화설의 호칭	진화의 주요인	진화의 단위	자연도태	획득 형질유전	환경의 영향
종의 불변설(퀴비에설)	신에 의한 창조와 천변지이에 의한 종의 절멸		인정치 않음	인정치 않음	인정치 않음
라마르크 진화설	생물의 내부요인과 획득 형질의 유전	개체	인정함	인정함	
다윈의 진화론	자연도태와 변이	개체	인정함	부차적으로 인정함	
네오 다위니즘(와이스만설)	자연도태 만능	개체	인정함	인정치 않음	
네오 다위니즘(종합설)	돌연변이와 자연도태, 지리적 생리적 격리	개체	인정함	인정치 않음	중시함
정향 진화설	생물의 내재적 성질	개체			중시하지 않음
돌연변이설(드 브리스설)	돌연변이	개체	중시하지 않음		
중립 진화설(기무라설)	중립적 돌연변이의 축적과 자연도태		원칙적으로 인정함	인정치 않음	중시하지 않음
단속 평형설	돌연변이 및 지리적 이주와 격리				
연속 공생설	세균끼리의 공생				
이마니시 진화설	서식역 분할에 의한 분기	종(종사회)	인정치 않음	인정함	중시하지 않음
아사마설	획득 형질 유전과 기후 변동	개체	기본적 요인으로 보지 않음	인정함	중시함
바이러스 진화설	바이러스에 의한 유전자의 수평 이동	종	인정치 않음	인정함 (바이러스를 세포 소기관으로 보고)	

(공란은 특별히 언급하고 있지 않음을 나타낸다)

표 3 | 진화학설 일람

을 나타내고 있다. 왜 방향성이 있는가? 이 변이는 대장균이 증식도 사멸도 하지 않는 즉, 자연선택을 전혀 받지 않는 상태에서 생긴 돌연변이기 때문이다.

카일러스는 실험 결과에서 돌연변이의 우발성이란 믿음이 얼마나 부질없는 것인가를 언급하고, 단백질에서 유전자라는 방향의 정보전달만 해명된다면 생물은 돌연변이를 받아들이거나 거부할 수 있는 선택이 가능할 수 있다고 주장하고 있다.

이상으로 여기서는 우선 10여 종류의 진화설을 간단하게 설명하였으나 이것 이외에도 진화에 관한 가설이나 이론은 많다.

예를 들면 영국의 프레드 호일은 생명은 우주에서 왔다는 설을 주장하고 있다. 최초의 생명이 우주에서 왔다는 주장이라면 별로 새로운 것이 없으나, 곤충과 다른 동물의 현저한 상이를 지적하고 곤충은 지구상에서 진화한 생물이 아니라 4억 년 정도나 전에 우주에서 지구로 돌연히 도달한 것이라고 호일은 주장한다.

이같이 대담한 가설을 발표한 호일은 과학적 지식이 없는 무책임한 사람이 아니라 영국 왕립 천문대의 최고 영예인 골드메달을 수상하고 나이트 작위도 받은 유명한 천문학자이다.

다윈이 진화론을 발표한 지 약 2세기가 지났는데 진화론은 백화난만(百花燭漫)이다. 앞으로도 계속 새로운 진화론이 제창될 것이다. 그러므로 진화란 더욱 속이 깊고 아직도 수수께끼와 신비에 가득 차 있는 미지의 분야이다.

3장
논쟁의 초점

퀴비에의 음모

'획득 형질은 유전하는가'라는 논쟁은, 생물이 진화할 때 능동적인 존재인가, 아니면 수동적인 존재인가 하는 시각에서 진화론의 역사상 가장 오랫동안 되풀이되어 온 과제이다.

획득 형질의 유전은 라마르크 진화론을 지지하는 이론적 지주로서 등장하였다. 그러나 라마르크 진화론의 핵심인 획득 형질의 유전에 대하여 엄밀한 방법으로 완전히 부정 또는 긍정할 수 있었던 과학자는 오늘에 이르기까지 한 사람도 없다. 그러므로 획득 형질의 유전과 관련한 격심한 논쟁이 이루어져 왔다.

라마르크가 제창한 획득 형질의 유전에 대하여 최초로 결정적인 반론을 제기한 것은, 당시 프랑스학계의 최고 권위자인 퀴비에였다. 천변지이설(天變地異說)을 신봉하는 퀴비에는 어찌 된 일인지 라마르크 장례식 조사라는 형식으로 반론의 포문을 열었다. 어떠한 반론에 대해서도 일체 말대꾸할 수 없는 처지의 라마르크에 대하여 퀴비에는 그 추도문에서, 라마르크가 사용한 '필요(need)'란 문자를 고의로 '욕망(desire)'이란 문자로 바꾸어 놓았다고 한다.

퀴비에가 필요가 아닌 욕망이란 용어를 사용함으로써 라마르크 진화론은 욕망 등이 있을 이유도 없는 식물의 진화에는 통용할 수 없게 되었다. 퀴비에의 음모 효과로, 라마르크 진화론은 생물 진화의 통일이론으로 될 수 없다는 낙인이 찍혔다. 이로써 다윈식 진화론만이 유일의 진화론으로 인정받게 되었다. 라마르크 진화론의 패배와 함께 획득 형질의 유전은 맹렬한 비판을 받게 된다.

다윈 진화론을 따르면 진화에 있어 생물은 단순히 꼭두각시 역할을 하는 데 불과하다. 즉 생물은 일체의 주체성을 잃은 수동적인 것이다. 그것에 대해 라마르크 진화론은 생물이 스스로 어떤 형태로든 간에 주체성을 갖고 진화라는 무대에서 펼쳐지는 다양한 현상에, 스스로 능동적인 역할로 참가한다고 생각한다. 예를 들어, 어떤 환경에서 우연하게 싹튼 식물은 그곳에서의 생존에 필요한 형질을 스스로 유전적으로 변화시켜 간다고 해석하는 것이다. 다윈 진화론과 라마르크 진화론 사이에 가로놓인 커다란 장벽의 실체는 사실상 진화에서 생물의 주체성이란 문제이다.

캄메러 사건

획득 형질의 유전에 대해 실험적인 입장에서 반론한 것이 와이스만이다. 이미 설명한 바와 같이 와이스만은 흰 쥐의 꼬리를 몇 세대에 걸쳐 절단함으로써 꼬리가 짧아진다는 획득된(?) 형질이 흰쥐의 자손에게 전달되는지 그 여부를 실험하였다.

당시 이미 모든 생물은 세포로 이루어져 있다는 '세포설'이 성립되어 있었다. 바이스만의 실험은 세포설에 근거하여, 체세포와 생식 세포 간에는 연속성이 없다는 사실을 밝힌 것이다.

바이스만은 용불용을 훈련에 의한 근육의 발달로 비유하였다. 운동 선수가 1대(代)에서 획득한 근육의 증강 형질이 그의 아이에게 전달되지 않는다는 사실로, 획득 형질은 유전되지 않는다는 것이 증명된다고 하는 논리이다. 이러한 연유로 자손을 형성하기 위한 생식 세포 이외의 세포에 생긴 변화는 다음 세대로 이어지지 않는다고 결론지었다. 이러한 생각은 얼마 안 되어 많은 과학자들에게 널리 인정받게 된다. 다윈의 사망 후 3년이 지난 1885년의 일이었다.

바이스만의 실험은 체세포의 변화와 생식 세포의 변화는 무관하다는 것을 증명함으로써 자연도태 설파를 크게 고무시켰다. 그러나 라마르크 진화론의 입장에서는 흰쥐의 꼬리를 절단한다는 것은 라마르크가 말하는 획득 형질의 의미하고는 전혀 다르다는 반론이 이루어졌다. 흰쥐의 꼬리 절단은 쥐가 필요로 하여 취한 행동하고는 분명히 상이하다는 것이다.

얼마 안 있어 20세기 초기에, 획득 형질의 유전에 결정적으로 불리한 사건이 생겼다. 오늘날 '캄메러 사건'이라고 불리는 사건이다. 사건의 주역은 파울 캄메러(Paul Kammerer)라는 오스트리아의 연구자이다. 캄메러는 산파 개구리(midwife frog)를 사용한 실험에서 획득 형질의 유전을 증명하였다고 발표했다.

산파개구리는 육상에서 교미하여 산란하나, 수정란은 수컷이 뒷다

리에 휘감아 알이 부화할 때까지 양육하는 별난 행동을 한다. 이 개구
리를 고온에서 사육하면 수중에서 교미하고 산란하게 되며, 알은 그대
로 수중에서 자라므로 수컷은 알을 양육할 필요가 없게 된다. 캄메러는
이런 조건하에 계속 사육한 산파개구리의 수컷은 몇 세대 후에는 알을
뒷다리에 휘감을 수 없게 되고, 더욱 수컷의 앞다리에는 수중에서 교미
하는 데 필요한 암컷을 잡을 수 있는 돌기가 생겼다고 보고하였다. 캄
메러의 실험이 사실이라면, 획득 형질의 유전은 증명된 셈이 된다.

그러나 이 산파개구리의 수컷에 생긴 돌기는 실은 잉크를 주입하여
날조한 돌기라는 것이 폭로되었다. 그 직후인 1926년에 캄메러는 의문
의 자살을 하고 말았다. 이 자살을 둘러싼 비밀은 케스트러의 『산파개
구리의 수수께끼』에 상세히 기술되어 있는데, 대단히 흥미롭다.

자살의 진상에 대해서는 분명하지 않았으나, 이 사건을 결코 그냥
보고 놓치지 않는 사람들이 있었다. 그들에 의해 캄메러의 자살은 자료
를 날조한 과학자에게 마지막으로 남아 있던 티끌만 한 양심의 결과로
여겨졌다. 캄메러의 인격과 함께 캄메러의 실험 결과가 부정된 것은 물
론이다. 그리고 획득 형질의 유전은 과학적 논쟁의 장에서 멀어지게 되
었다.

리센코 사건

획득 형질의 유전이 다시 등장하게 되는 것은 공산주의의 소련이었다.
소련에서는 유전학을 지주로 생물의 주체성을 부정하는 다윈 진화론하

고는 상이한 생물관이 한창이었으며, 획득 형질은 유전한다는 입장에서 전혀 별개의 진화론이 형성되고 있었다.

미추린(I. V. Michurin)은 과수를 소련의 한랭 지대에 도입하기 위한 품종 개량에 크게 공헌하였다. 식물은 생장 과정에서 기후에 순화할 수 있다는 것이 미추린의 생각이었다. 식물은 생장의 어느 시기에는 환경의 영향을 받기 쉬우며, 그 영향은 자손으로 유전한다는 생각을 품종 개량에 응용하였다.

그림 3-1 | 이반 미추린(1855~1935). 철도원을 하면서 내한성 품종 연구를 하여 레닌에게 인정받았다. 그 자신은 다윈의 학설을 지침으로 하였으나 리센코는 자기의 학설에 근거하여 미추린 생물학이란 것을 제창하였다.

미추린의 뒤를 이은 리센코(T. D. Lysenko)는 밀을 사용하여 동일한 실험을 하였다. 밀에는 가을에 종자를 심어 초여름에 수확하는 가을형과 봄에 종자를 심어 가을에 수확하는 봄형이 있다. 밀 종자가 싹이 터 생장하여 이삭을 형성하기 위해서는 저온의 시기가 필요한데, 가을형 밀과 봄형 밀의 차이는 이 저온의 정도이다. 가을형 밀은 봄형 밀보다도 저온을 요구하는 품종이므로 봄에 종자를 심어도 이삭이 형성되지 않기 때문에 결실하지 않는다.

리센코는 이러한 밀의 온도에 대한 성질을, 실험 조건을 조절함으로써 변경할 수 있다고 주장하였다. 봄형 밀을 가을형 밀로 바꾸거나, 그 반대로 가을형 밀을 봄형 밀로 바꾸었다. 리센코는 이러한 변화는 우연히 생기는 것이 아니라, 정해진 방향성을 갖게 할 수 있다고 하였다.

이러한 리센코의 일련의 연구는 곧 과학 무대에서 정치 무대로 끌려 나갔다. 그 결과, 소련에서도 멘델 유전학을 계급사회의 정당성을 인정하는 부르주아 진화론으로 배척하는 일이 당의 강령에까지 도입되었다. 이러한 사태는 1964년에 흐루쇼프가 실각할 때까지 계속되었다. 이 같은 정치 싸움에 휘말린 리센코 사건으로 생물학자들 사이에는 획득 형질의 유전을 금기시하는 분위기가 결정적으로 되었다.

기무라는 『생물진화를 생각한다』에서, "금세기에 이르러 멘델 유전학이 크게 발전하여 계속 새로운 혁명적인 지견이 추가되면서, 드디어는 분자 유전학으로 대표되는 현상에까지 이르렀으나, 획득 형질의 유전을 지지할 만한 증거는 무엇 하나도 얻을 수 없었다. 그런데도 현재에 이르기까지 라마르크설에 고집하여 멘델 유전학으로는 진화는 설명할 수 없다고 주장하는 학자가 잇따라 나타나는 데는 놀라움을 금할 수 없다. (중략) 획득 형질의 유전을 전제로 하여 진화론을 전개하는 사람들의 저작을 보면, 자연과학으로서의 정당성 여부를 검토하는 것을 잊어버리고, 신념의 강함과 희망적 관측으로 저작을 떠받치고 있는 것 같은 느낌을 받는다."라고 획득 형질의 유전을 전면적으로 부정하고 있다.

그것에 대해, 이마니시는『주체성의 진화론』에서, "획득 형질의 유전이란 것은 여간해서는 실험으로 증명하기 어려운 성질의 문제라고 생각함에도, 여러분들은 어째서 실험하면 바로 증명할 수 있는 것처럼 생각하는지, 또는 실험하여도 원하는 결과를 얻을 수 없을 때는 어째서 바로 획득 형질의 유전을 부정하는 것일까. (중략) 획득 형질의 유전이란 것이 격렬한 논의를 불러일으킨 결과, 일단 부정된 것같이 되어 있으나 실은 획득 형질의 유전이야말로 생물 진화의 대전제이며, 이것을 부정하는 것은 진화 그 자체를 부정하고 있는 것이다."라고 정면으로 생물학에서 금기시하는 문제에 도전하고 있다.

2개의 실험

결국 획득 형질의 유전에 대해서는 현재까지는 결정적인 판단에 이어지는 과학적 사실을 찾아내지 못했다고 보아도 좋을 것이다.

그러한 예의 하나가 노랑초파리의 날개에서 보는 2개의 가로로 뻗은 맥이다.

이 노랑초파리의 번데기를 40도의 온도에서 2시간 처리하면 〈그림 3-2〉와 같이 가로로 뻗은 맥이 절단된 성충이 생긴다. 가로 맥이 절단된 노랑초파리를 약 15대에 걸쳐 고온에서 선택하면 90% 이상의 것이 가로 맥에 이상이 생기고, 그 이후부터는 고온 처리를 하지 않아도 가로 맥이 절단된 개체가 출현한다. 얼핏 보면 획득 형질의 유전으로 보이는 이 현상도 상세하게 조사하면, 최초의 개체 중에 가로 맥을 잃게

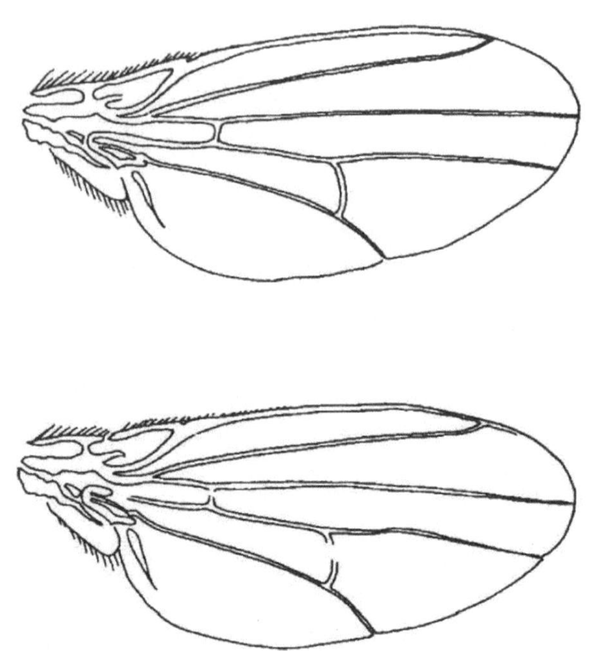

그림 3-2 | 노랑초파리의 날개. 위는 가로로 뻗은 맥이 정상인 것. 아래는 가로 맥이 절단된 것.

하는 유전자가 있고, 그 작용이 15세대나 고온에서 선택되어 가로 맥이 없는 노랑초파리가 남았을 뿐, 전적으로 새로운 형질이 획득된 것은 아니라는 사실을 알게 되었다.

1980년에는 캐나다의 R. 고르친스키(R. M. Gorczynski)와 E. J. 스틸(E. J. Steele)이 획득 형질의 유전을 증명하는 데 성공하였다고 발표하였다. 고르친스키와 스틸은 생쥐를 사용하여 어떤 항원에 대한 면역 반응을 후천적으로 유발하는 '면역 관용'을 실험적으로 만들었다. 그리고 이것을 자손 2대까지 유전시키면서 세계적인 관심을 모았다.

생물은 자신의 육체를 형성하고 있는 물질에는 면역 반응을 일으키지 않게 설계되어 있다. 이것이 면역 관용이다. 막 태어난 새끼 쥐에게 다른 계통의 쥐 세포를 여러 번 반복해서 주사하여 면역 관용 쥐를 만들었다. 이 면역 관용이 자손의 쥐에 유전한 것이다. 그러나 이 실험도 면역 관용의 발견으로 노벨상을 수상한 영국의 피터 메더워(Peter Medawar)를 비롯한 많은 연구자에 의해 추가 실험을 진행하였으나, 현재로서는 아직 성공을 거두지 못한 것 같다.

새로운 전개

멘델법칙의 재발견과 함께 막을 연 20세기는 바야흐로 유전학의 세기였다. 특히 최근에는 분자 생물학이나 유전 공학 등의 급속한 진보 덕에 수많은 흥미로운 사실이 새롭게 발견되고 있다.

법정 전염병인 디프테리아의 원인이 되는 디프테리아균이 사실은 무해하다고 하면 놀랄 것이다. 그러나 이것은 진정한 과학적 사실이다.

디프테리아균의 유전자에 어떤 바이러스가 잠입하면 디프테리아균은 비로소 독소를 만들어 내게 된다. 디프테리아의 독소를 이루는 유전자는 디프테리아균이 아니고 바이러스가 가진 것이다. 그리고 한번 잠입한 바이러스의 유전자는 대대로 디프테리아균의 자손에 이어지므로 바이러스에서 반입된 독소를 이루는 형질은 유전된다고 말할 수 있을 것이다.

1970년대에 들어 레트로바이러스의 발견으로, 많은 레트로바이러스가 사람을 포함한 각종 동물의 유전자에 들어가서 자손에게 유전된다는 사실이 확인되었다. 이러한 사실로서 이제까지는 부동이라고 여겨졌던 유전자 속에 별도의 유전자 단편이 들어갈 수 있다는 것이 알려지게 되자, 전면적으로 새로운 발상법이 확립돼 가고 있다.

레트로바이러스(retrovirus)라는 것은 Reverse transcriptase containing oncogenic virus(역전사 효소를 갖는 종양성 바이러스)란 긴 이름을 줄인 것이다. 이 레트로바이러스의 연구로 노벨상을 수상한 미국 하워드 테민(Howard Temin)은 획득 형질의 유전에는 아직 증거가 없다고 단정한 데 이어, 레트로바이러스는 획득 형질이 유전되기 위한 메커니즘으로 될 수 있다고 말한다.

여하간 진화에 대하여 생물이 능동적인 주체가 될 수 있는지, 또는 일체의 주체성이 인정될 수 없는 수동적인 존재에 불과한 것인가는 아직 해결되지 않은 숙제인 것 같다. 언젠가는 다시 획득 형질의 유전과 관련된 논쟁에 불이 붙어 뜨거운 격론이 펼쳐질 날이 올 것을 기대하기로 하자.

다음 절에서는, 또 다른 격론이 이루어져 온 유전자의 변이에 대하여, 유전자는 과연 안정한가 또는 불안정한가 하는 시각에서 문제를 보기로 하자.

증명된 자연도태

진화가 유전자의 변이에서 시작된다는 사실에는 이론이 없을 것이다. 진화란 생물이 변화하는 것이다. 생물의 설계도는 유전자이므로 생물이 변한다는 것은 설계도인 유전자가 변한다는 것을 뜻한다.

그런데 유전자는 매우 안정된 것이다. 유전자가 변하는 데 따라 생기는 진화는 유전자의 안정성과는 모순되는 것처럼 여겨진다. 지금까지 이 모순에 대하여 많은 논쟁이 되풀이해 왔다.

멘델이 발견한 유전의 법칙은 다윈 진화론을 흔들어 놓았다. 유전의 법칙은 종이 불변이라는 사고를 지지하는 것같이 여겨졌기 때문이다. 이때 나타난 것이 '돌연변이'이다. 돌연변이는 이미 설명한 바와 같이, 네덜란드의 유전학자 드 브리스에 의해 발견되었다. 드 브리스는 큰달맞이꽃에서 보통 것하고는 다른 꽃을 발견하였다. 이것을 재배한 결과 자손도 보통과는 다른 종이 된다는 것을 알게 되었다.

드 브리스는 새로운 종은 다윈이 생각하는 바와 같이, 작은 변이가 자연도태에 의해 서서히 축적된 것이 아니라, 큰달맞이꽃의 변화한 종에서 보이는 것처럼 돌연히 유발되는 비약적인 변화 때문에 생긴다고 여겼다.

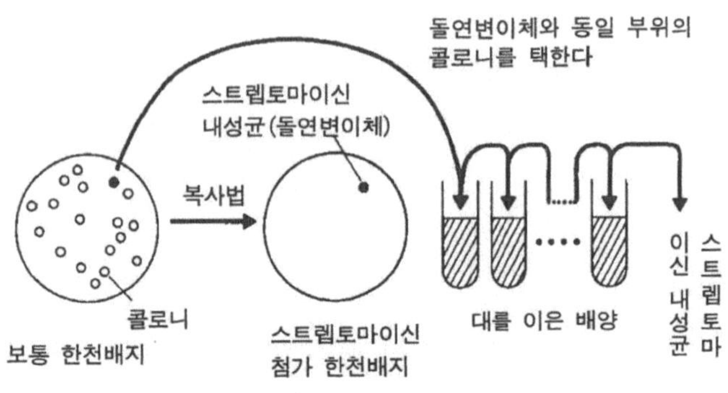

그림 3-3 | 스트렙토마이신 내성을 갖는 돌연변이 균의 출현

드 브리스의 생각은 광범한 지지를 얻어, 곧 돌연변이와 자연도태를 지주로 한 다윈 진화론으로 발전했다. 다윈 진화론으로는 돌연변이에 방향성이 없다는 것이 다행이었다. 돌연변이에 방향성이 있다면 자연도태가 작용할 여지가 없다. 그러나 돌연변이가 무작위적이므로 자연도태가 작용하여 적자가 살아남는(적자생존)다는 다윈의 생각에 부합되었다.

또한 1950년대에는 진화가 돌연변이와 자연도태에 의하여 완전하게 설명되었다는 보고가 있었다. 실험을 한 사람이 노벨상 수상자인 미국의 미생물유전학자 J. 레더버그(Joshua Lederberg)였다는 점도 고려되어, 다윈 진화론이 결정적인 승리를 거두었다고 믿었다.

레더버그는 항생 물질인 스트렙토마이신에 죽는 감수성균에서 어떤 과정에 의해 스트렙토마이신에 강한 내성균이 생겨나는가를 실험하였다.

① 우선 감수성균을 한천배지에서 배양한 많은 콜로니(1개의 균이 분열하여 형성하는 하나의 가시적인 집단이며, 1개의 콜로니는 반드시 1개의 균에서 형성된다)를 만든다.

② 그 콜로니를 스트렙토마이신을 첨가한 배지로 옮겨 배양한다. 그러면 많은 콜로니가 소멸하지만, 그중에는 비록 수는 적지만 성장하는 콜로니가 있다. 이 콜로니가 스트렙토마이신 내성균이다.

③ 원래의 한천배지에서 이 콜로니와 동일한 콜로니를 꺼내어 보면 그것은 스트렙토마이신에 대한 내성균이다.

이러한 사실로서 감수성균 중에는 스트렙토마이신을 접하기 이전부터 스트렙토마이신에 대한 돌연변이를 일으키고 있는 세균이 존재한다는 것을 알 수 있다.

이 실험으로 항생 물질에 대한 내성균은 사전에 돌연변이가 준비되어 있어, 그 내성균이 항생 물질에 의해 도태된다는 사실이 증명되었다.

그러나 재고해 보면, 이 실험에는 두 가지의 중대한 의문점이 있다. 첫째, 실험적으로 돌연변이를 일으킨 내성균은 자연계의 내성균과 내성의 기구(機構)가 전혀 다르다. 둘째로, 레더버그의 실험이 옳았다면, 세균의 일부는 항상 많은 새로운 항생 물질에 대응하는 돌연변이를 준비하고 있었을 것이다. 극단적으로 말하면, 아직 지구상에 존재하지 않는 미지의 화학 물질에 대해서도 당연히 일부의 균은 돌연변이가 유발되어야 했을 것이다.

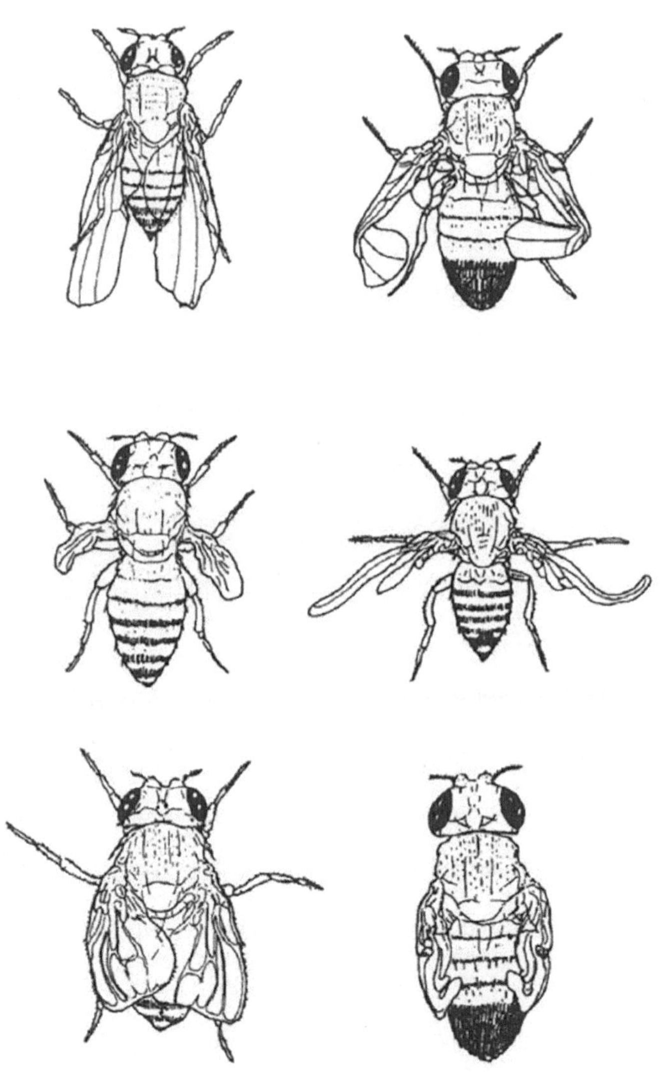

그림 3-4 | 초파리의 돌연변이(모건에 의함).

　그런데 돌연변이는 생물에 아무런 영향도 미치지 않은 형질 이외는 유발되기 어렵다는 사실이다. 돌연변이에 대해서 상세하게 조사된 초파리는 몸체가 검거나, 머리에 쓸데없는 필요 이상의 털이 나 있거나, 날개가 짧게 오그라지는 등 여러 가지 돌연변이가 알려져 있다. 이러한 돌연변이의 어느 하나도 초파리가 초파리로서 존재할 수 없을 만한 변화는 전혀 찾을 수 없다. 그뿐 아니라, 초파리에게 유리하다고 여겨지는 돌연변이도 관찰할 수 없다.

유전자와 형질 간의 골짜기

분명히 오랜 기간, 생물이 살아가는 데 있어 유리한 돌연변이가 생길 가능성이 없다고는 할 수 없다. 그러나 현재까지 알려진 대부분의 돌연변이가 불리한 것도 사실이다.

　이러한 상황에서 나타난 것이, 유전자의 돌연변이에는 생물에게 유리하지도 불리하지도 않은 것이 허다하게 있다는 중립 진화설이다. 기무라는 유전자가 변하는 속도가 생물의 형질이 변화하는 속도에 비해 너무나도 빠르다는 데 착안하였다. 기무라는 현존하고 있는 생물에서 관찰되는 유전자 변이 대부분이 자연도태하고는 무관한 중립적인 돌연변이라고 생각했다. 이러한 기무라의 생각은, 당초는 반론에 부딪혔으나, 얼마 안 있어 다윈 진화론에 지지받게 되었다. 그 이유는 다윈 진화론에서는 유전자 자연도태의 구조를 반드시 설명할 필요가 있었기 때문이다.

어떤 단백질을 생성하는 유전자에 돌연변이가 유발되는 비율은 거의 일정하다. 그러나 단백질 중에서도 생물이 생존하는 데 필요 불가결한 부분을 형성하는 유전자가 변화하면 그 생물은 죽게 된다. 반면 대단한 기능을 수행하지 않는 것 같은 단백질을 형성하는 유전자에는 돌연변이가 생겨도 생물에는 영향을 미치지 않는다.

사실상 생물의 유전자에는 생물이 생존하는 데 있어 큰 영향을 미치지 않는, 유리하지도 불리하지도 않은 듯한 허다한 돌연변이가 축적되어 있다. 실제로 중립적인 돌연변이가 많다는 사실이 알려진 것으로도 중립 진화설에는 설득력이 있다.

그러니 다시 말하자면 중립 진화설이 주장하는 것은, 모습이나 모양의 변화하고는 무관한 유전자가 있을 수 있다는 것으로 요약된다.

중립 진화설은 진화를 생물의 모습이나 모양의 변화로서만 인식하는 것이 아니라, 모습이나 모양하고는 무관한 유전자의 변화로서 진화를 설명하려고 한다. 중립 진화설은 돌연변이와 자연도태만으로는 간단히 진화를 설명할 수 없다는 사실을 증명하고, 유전자의 변이와 형태의 변이 사이에는 큰 골이 있다는 것을 밝힌 점이 매우 특이하다.

송사리 알에서는 송사리가 생긴다

그런데 돌연변이로 생기는 변이체(mutant)는 과학 공상 소설에서는 크게 활약할지언정 평상시 우리는 볼 수 없다. 개나 고양이를 기르는 경우라도, 개나 고양이의 변이체를 본 사람은 없을 것이다. 개나 고양이는 겨우 몇 마리밖에 태어나지 않으니 변이체 같은 것은 생길 수 없다고 말한다면 송사리는 어떠한가. 송사리는 많은 새끼를 낳지만 변이체를 본 일이 없다.

위와 같은 예는 너무나 단순한 생각이라고 여길지 모르나, 일반적으로 같은 종에 속하는 생물에는 기본적인 차이가 없다. 생물을 분류학적으로 보면 개개의 생물은 몸체가 반드시 공통적인 특징을 지니고 있다. 생물마다 공통의 특징이 있으므로 분류학자는 한 마리의 나비를 보고서도 무슨 나비인가를 곧 분류할 수 있다.

아무리 많은 새끼가 태어나도 무사히 살아남는 수는 매우 적다는 것이 자연의 섭리이다. 고양이는 고양이 새끼를 낳고 배추흰나비의 알에서는 배추흰나비가 생기는 것처럼, 생물에는 개체차를 초월한 공통점이 있으므로 어떤 개체가 살아남든 종은 변하지 않는다.

생물에는 무리를 이루는 것이 많다. 무리에 속하는 개개의 생물에 능력의 차가 있으면, 무리는 이루어질 수 없다. 집단생활은 서로의 능력이 분산적이어서는 성립되지 않는다.

이러한 시각에서 보면, 유전자가 안정한 것은 당연한 이치인 것 같다. 그러하기에 농업이나 어업이 성립되는 것이다. 쌀 종자에서는 반드시 쌀이 생기고, 송사리알에서는 송사리 새끼가 생긴다. 만일 쌀 종자나 송사리알에 혼란이 생긴다면 큰 변이 아닐 수 없다. 농업이나 어업은 생물에 거의 개체차가 없다는 전제하에 성립된다.

실제로, 생물은 유전자의 안정성을 유지하기 위한 기능이 있다. 유전자는 방사선이나 화학 물질에 의해 손상될 수 있다. 그 같은 손상에서 유발되는 것이 돌연변이이다. 생물에는 유전자의 손상을 치유하는 '수복기구'가 있다.

예를 들면, 자외선에 의해 유발되는 '티민 다이머(thymine dimer)'라는 손상이 있다. 유전자의 다양한 염기 배열 중 티민이 인접하고 있는 부분에 자외선이 쬐면 2개의 티민이 화학 결합을 일으켜 2량체(다이머)라는 중합(重合) 분자가 생기는 일이 있다. 이것은 돌연변이의 원인이 되는데, 생물에는 이 티민 다이머를 찾아내어 그 부분을 제거하여 원래의 유전자로 회복하는 '제거수복'이라고 불리는 기능이 있다. 색소성 건피증은 지나치게 자외선을 받게 되면 피부암이 되는 질병이다. 이 질병의 원인은 티민 다이머를 수복하는 효소가 생성되지 않는 데 있다.

아무리 유전자가 안정적이어도 유전자에 잘못이 생기는 일이 있다. 양친에서 자손으로 이어지는 유전자가 항상 완전하고 전혀 변화하지 않는다면, 인간은 지구상에 출현할 수 없었을 것이다. 지구에 최초로 탄생한 유전자에 여러 가지 변화가 생기므로 생물은 인간으로까지 진화한 것이다. 진화에는 유전자의 변화가 꼭 필요하다.

움직이는 유전자에 주목

최근에 이르러서는 오히려 돌연변이보다 훨씬 효율이 높은 유전자의 변화가 여럿 발견되었다.

그중 하나가 '트랜스포존(transposon)'이라는 움직이는 유전자이다.

트랜스포존이란 것은, 어떤 생물의 유전자에서 빠져나와 다른 생물의 유전자에 들어갈 수 있는 작은 유전자를 말한다. 트랜스포존은 생물에 다양한 변화를 일으킬 수 있는 능력이 있다.

트랜스포존의 대표적인 것은 항생 물질에 대한 내성 유전자이다. 내성 유전자는 세균에서 세균으로 이동한다. 또한 초파리에도 '코피아'라는 트랜스포존이 존재하는데, 여러 유전자에 잠입하여, 눈의 색깔이나 생존력의 저하 등과 같은 변화를 일으킨다는 사실이 알려져 있다.

또 에이즈 바이러스(HIV)나 ATL 바이러스로 대표되는 레트로바이러스도 다른 유전자에 잠입한다. 또한 정규의 유전자 이외에 '플라스미드(plasmid)'라고 불리는 작은 유전자의 단편이 있다. 플라스미드는 항생 물질이나 중금속에 대한 내성 유전자나 독소를 산출하는 유전자 등을 가졌다. 플라스미드도 세균에서 세균으로 전달된다. 바이러스나 플라스미드도 생물을 기본적으로 변화시킬 수 있다.

워드 프로세싱을 비유해서 말한다면, 돌연변이는 키를 잘못 친 것이다. 잘못으로 1문자가 변한다고 해도 새로운 문장이 작성된다고는 볼 수 없다. 그러나 워드 프로세스의 복사 기능에서 단어나 문장을 선출하여 다른 문장 속에 맞추어 넣으면 새로운 문장이 만들어지는 것같이, 바이러스, 플라스미드, 트랜스포존 등에 의한 유전자의 변화는 워드 프로세스의 복사 기능과 같은 것이다.

여하간에, 진화에는 유전자의 변화가 필요 불가결하다. 단순한 잘못에 불과한 것 같은 돌연변이 대신에 가까운 장래에는 트랜스포존, 바이러스, 플라스미드 등에 의한 적극적인 유전자의 변화가 진화론에서 다루어질 날도 그리 멀지 않을 것이다.

다음은 돌연변이와 병행하여 정통 진화론의 기반인 자연도태, 즉 생물의 변화와 환경의 변화는 어떤 관련이 있는가를 알아보기로 하자.

목적론인가 기계론인가

진화론과 관련한 논쟁에서 도저히 피할 수 없는 주제가 목적론과 기계론의 대립이다. 목적론이란 생물이 특정한 목적을 가지고 진화하는 것이다. 이에 대해 기계론은 진화에 목적을 인정할 필요가 없고 생물은 모두 기계적으로 진화한다고 생각한다.

달리 표현하면, 목적론은 생물이 주체적으로 진화한다고 보는 데 대해, 생물에는 주체성이 없고 환경의 변화에 따라 일방적으로 진화가 생긴다는 것이 기계론이다. 그러고 보니 진화의 주역은 생물인가 아니면 환경인가 하는 것이 목적론과 기계론의 쟁점이다.

획득 형질의 유전으로 유명한 라마르크는 진화의 요인으로서 생물의 '내부 감각'을 중시하였다. 라마르크는 생물은 내부 감각으로 생긴 요구에 부응하여 새로운 기관이 형성된다고 보았다.

라마르크의 "요구에 부응하여 새로운 기관이 형성된다."라는 생각 속에 있는 목적론적 색채에 대하여 다윈은 "보통의 변이성 경향 이외에는 구태여 내부의 힘 같은 것을 거론할 필요는 조금도 없다."라며 라마르크를 심하게 비판하였다. 생물학에서 목적론을 추방하는 것이 최대의 관심사였다고 여겨지는 다윈은 자연도태라는 개념을 자신의 진화론에서 큰 지주로 하였다. 이로써 그는 진화론에서 목적론을 추방하는 데 성공하였다.

그러나 자연도태와 변이만으로는 반드시 충분하게는 진화를 설명할 수 없었다. 다윈의 이론을 능가하는 새로운 진화론이 기대되고 있었던 때 멘델의 유전학이 출현한다. 다윈의 자연도태설과 멘델의 유전학이 결합한 결과 근대적인 진화론이 탄생한 것이다.

멘델 유전학과 다윈 진화론의 자연도태설은, 철저하게 기계론으로 관철되어 있었다는 공통점이 있었다. 그러므로 양자의 결합은 진화론에서의 기계론의 입장을 강화하였다. 거기에다 진화론을 움직일 수 없는 학설로 만든 것은 돌연변이의 발견이었다.

그러나 자연계에서의 돌연변이든 X선이나 자외선을 사용하여 인공적으로 일으키는 인위적 돌연변이든 현재에 이르기까지 생존 경쟁에 유리하게 작용하는 것 같은 돌연변이는 찾아볼 수 없다. 더욱이 생물의 종이란 벽을 넘어서 새로운 종이 탄생하는 것 같은 돌연변이는 전혀 없었다.

이 같은 사실에 대하여, 다윈 진화론에서는 진화가 생기는 데는 몇백만 년, 몇천만 년이라는 시간이 필요하다고 말한다.

도태가 작용하는 것은 유전자인가 개체인가?

다윈식 정통 진화론에서는 개체에 발생하는 변이는 전적으로 우연에 의한 것이라고 한다. 우연히 생기는 무작위적인 변이에는 방향성은 없으나, 생존 경쟁으로 인하여 도태된다는 것으로, 환경에 적응한 변이를 일으킨 개체만이 살아남는다. 여기에서 말하는 변이란 돌연변이를 말한다.

그렇다면 자연도태가 작용하는 단위는 무엇일까. 유전자일까, 아니면 개체일까.

유전자는 자손에게 전달되는 것인데, 양친의 유전자가 그대로 자손에게 전해지는 것은 아니다. 정자와 난자가 형성될 때 양친의 유전자는 2개로 갈라진다. 그렇지만 이러한 일을 반복하는 과정에서 갈라지지 않고 자손에게 전달되는 최소 단위의 무언가 있다면 그것이 유전자라고 미국의 진화학자 G. 윌리엄스(G. Williams)는 논하였다.

그러나 1개의 유전자가 1개만의 작용을 하여 1개의 기능이나 형질만을 지배하고 있는 것은 아니다. 현실적으로 1개의 유전자가 다수의 기능을 지배하고 있는 '다면 발현', 어떤 유전자가 다른 유전자의 작용을 억제한다는 '에피스타시스(epistasis)', 1개의 형질이 동시에 다수 유전자의 지배를 받는 '폴리진' 등의 현상이 알려져 있다. 이러한 현상이 있다는 사실을 생각하면 자연도태가 작용하는 단위가 유전자뿐이라는 단순한 도식(윌리엄스에 의한)은 액면 그대로 받아들이기에는 무리일 것 같다.

자연도태는 만능인가

1976년 영국의 동물 행동학자 R. 도킨스가 저술한 『이기적 유전자』를 둘러싼 대논쟁이 있었다. 도킨스는 생물의 개체는 유전자를 자손에게 전달하기 위한 단순한 기계라고 여기고, 그러한 입장에서 동물행동의 진화를 해명하려 하였다.

도킨스에 따르면, 생물의 개체는 유전자를 운반하는 자동차 같은 것이며, 생물은 모두가 유전자라는 운전사의 명령으로 인하여 행동한다. 많은 생물에서 볼 수 있는 이타적인 행동도 유전자가 명령한 행동이라고 한다.

도킨스를 중심으로 한 영국의 동물 행동학자들은 생물의 모습이나 모양과 같은 형질이 가장 잘 적응된 상태에 있다는 것과, 생물이 가장 유리한 행동을 취하는 것은 자연도태가 유전자에 작용하여 진화한 결과라고 보고 있다.

이에 대해서 이른바 자연도태 만능론을 비판하는 전문가는, 자연도태가 작용하는 단위는 유전자가 아니고 바로 개체가 자연도태의 작용하는 단위라고 주장한다. 또한 생물의 형질이 진화의 결과란 것은 인정하더라도 모든 형질이 자연도태가 된 결과라고는 단정할 수 없다고 한다.

이러한 논쟁은 바로 진화론의 본질과 관계된다고 여겨진다. 재미있는 것은, 자연도태 만능론에 대한 비판파의 주역들은 기본적으로 다윈 진화론의 입장이기는 하나, 종합 진화론에 대해서는 반대하거나 일정한 거리를 유지하고 있는 학자들이 눈에 띄고 있는 것 같다.

그러한 진화론자의 한 사람이라고 할 수 있는 하버드 대학의 유전학자 R. 르원틴은, 코뿔소의 뿔을 예로 들어 자연도태 만능론에 대한 이의를 제창하고 있다. 인도코뿔소의 뿔은 1개뿐인데, 아프리카에 서식하는 흰 코뿔소와 검은 코뿔소의 뿔은 2개이다. 이 인도코뿔소와 아프

그림 3-5 | 2개의 뿔을 쳐들고 돌진하는 검은 코뿔소.
이것과는 달리 인도코뿔소는 뿔이 1개이다.

리카의 코뿔소 뿔 수의 차이에 대하여 어느 쪽의 코뿔소가 더욱 환경에 적응하였는가를 논한다는 것은 무의미하다고 르원틴은 주장한다.

분명히 이 지구상에 외뿔 코뿔소와 양뿔 코뿔소가 있다고 해서, 일일이 자연도태로서 설명하는 데 뜻이 있다고 생각할 필요는 없을는지 모른다.

다윈이 자연도태라는 개념을 발견함으로써 진화가 알기 쉽게 된 것은 사실이다. 그런 뜻에서 자연도태라는 사고방식은 많은 사람들에게 진화를 인식시키는 데서는 매우 편리하였다. 그러나 동시에 자연도태 없이는 진화를 생각할 수 없게 되었다. 자연도태가 수많은 진화의 요인

중의 하나라면 모르지만 진화의 유일하고 절대적인 요인이 자연도태라는 생각이 어느 사이엔가에 퍼졌다.

나방의 공업 암화는 진화가 아니다

이미 다윈이 진화론을 제창한 지 130년이 지났지만, 진화와 관계되는 자연도태가 관찰된 일이 있는 것일까. 정말 자연도태가 작용하고 있는 사실이 발견되고 있는 것일까. 현재까지로는 놀랍게도 자연도태에 의해 진화가 유발되었다는 사실은 단 하나의 예도 관찰되지 않았다.

자연도태만이 유일한 진화의 요인이라는 과학자는, 자연도태가 작용하는 현장을 관찰할 수 있었다고 한다. 그리고 실제로 몇 가지 구체적인 예를 제시하였다. 그 대표적인 것이 영국에서 발견된 회색가지나방이라는 나방의 몸체 색깔이 공업화에 따라서 검게 되었다는 공업 암화(industrial melanism)라는 현상이다.

대기 오염은 나무껍질에 붙어 있는 지의류를 말려 죽인다. 그 결과로 공업지대인 리버풀 근교의 떡갈나무 수피에는 지의류가 자라지 않으므로 검은색을 띠고 있다. 따라서 검은색의 회색가지나방이 잘 적응하게 된다. 이 검은 회색가지나방은 무늬 색이 밝은 야생 나방보다 새에게 잘 포식당하지 않는다.

그 때문에 19세기 후반에서 20세기에 걸쳐 잉글랜드의 공업지대에서는 자연도태에 의해 회색가지나방은 대부분 검은색의 나방으로 변해버렸다. 그런데 최근에 이르러 대기 오염이 개선됨에 따라, 다시 검은

그림 3-6 | 공업 암화 한 회색가지나방

나방과 무늬가 밝은 나방을 동일한 정도의 비율로 볼 수 있게 되었다.

이것으로는 회색가지나방의 공업 암화를 진화라고는 할 수 없다. 진화의 절대 조건 중 하나는 변화한 형질이 절대로 되돌아가지 않는다는 것이다. 진화는 불가역적인 현상이다. 모처럼 환경에 적응하여 검게 된 회색가지나방이 다시 원래의 밝은색 무늬의 회색가지나방으로 되돌아갔다는 사실로는, 아무리 강경한 자연도태 만능론자라도 공업 암화를 진화라고는 인정할 수 없을 것이다. 공업 암화는 회색가지나방의 진화가 아니라 단순한 가역적인 적응이었던 것 같다.

뒷걸음질한 내성균

이어서, 자연도태 만능주의자가 자연도태의 예로서 다룬 것이 앞에서도 설명한 바 있는 박테리아의 약제(藥劑) 내성균이다. 대장균을 스트렙

토마이신이란 항생 물질을 함유하는 배양지에서 배양해 보면, 원래는
살 수 없을 양의 스트렙토마이신을 첨가하여도 무사하게 살아가는 대
장균이 돌연변이로 발생한다.

이것은 대장균이 스트렙토마이신에 대해 서서히 저항력이 생겼기
때문이 아니다. 천만에서 1억의 대장균 중에서 극히 소수의 대장균이
스트렙토마이신에 대응할 수 있는 돌연변이를 일으킨다. 정상의 대장
균은 사멸하나 돌연변이를 일으켜 스트렙토마이신 내성균이 된 대장균
은 스트렙토마이신을 추가하여도 살아남을 수 있다. 자연도태 만능주
의자들로서는 이러한 사실이야말로 스트렙토마이신에 의한 자연도태
가 생긴 것으로 생각되는 일이었다.

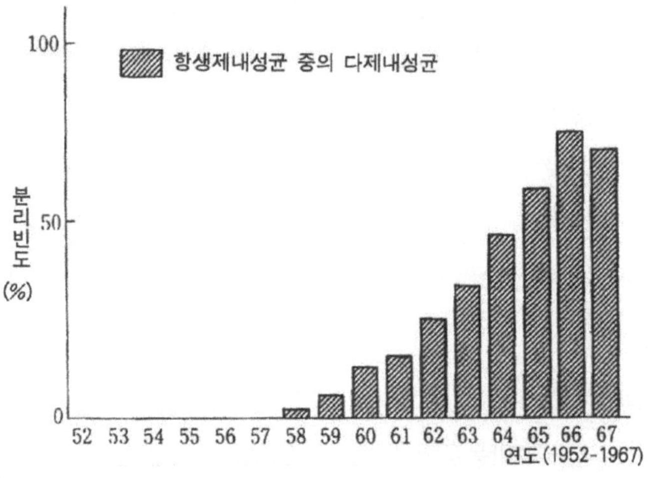

그림 3-7 | 다제(多劑) 내성균의 연도별 출현 상항

그러나 실제로 많은 병원에서 발견되는 박테리아는 상상보다 훨씬 빠른 속도로 내성균이 된다. 1952년에 일본에서 처음으로 스트렙토마이신, 테트라사이클린, 클로람페니콜 3종류의 항생 물질(거기에 설파제)에 대한 내성을 동시에 갖는 다제 내성균이라 불리는 적리균이 발견되었다. 이 다제 내성을 갖는 적리균은 1958년경부터 급증하기 시작하여 불과 5~6년 사이에 일본 내 적리균의 80% 이상이 다제 내성균이 되었다.

이로써 일본에서는 스트렙토마이신, 클로람페니콜, 테트라사이클린에 대한 내성균이 증가하였다. 그로 인해 치료에 필요한 새로운 항생 물질이 만들어졌다. 적리균은 계속 생산되는 항생 물질에 대해서도 계속 내성을 획득하였다.

그 대신 적리균은 스트렙토마이신이나 클로람페니콜 등은 거의 사용할 수 없게 된 낡은 항생 물질에 대한 내성을 다시 상실하게 되었다.

다윈 진화론자가 이번에는 자연도태를 증명할 수 있다고 믿었던 항생 물질에 대한 내성균도 회색가지나방의 공업 암화 경우와 같이 불가역적인 진화는 아니었다. 단순한 가역적인 적응에 불과하였다.

다윈 진화론자는 이러한 것 이외에도, 실험실에서 도태가 증명되었다는 몇 가지 예를 거론하고 있다.

풍선벌레와 닭

그 가운데 하나가 풍선벌레의 예이다. 풍선벌레라고 불리는 곤충은 다양한 색과 명도를 갖추었다. 풍선벌레를 색의 농도가 다른 각 용기에

넣고, 거기에 이를 잡아먹는 물고
기를 넣는다. 몸체의 색이 용기
색과 달라 눈에 잘 띄는 풍선벌레
는 물고기에게 대량으로 잡아먹
힌다. 눈에 잘 띌수록 도태상으로
는 불리하였다. 실험에 따라서는
눈에 잘 띄지 않은 풍선벌레에 대
비하여 눈에 잘 띄는 풍선벌레는

그림 3-8 | 풍선벌레

5배나 더 잡아먹혔다. 분명히 이것은 도태이다. 그러나 너무나도 당연
한 처사이므로 어느 부분이 진화와 관련되는지 잘 알 수 없다.

닭의 '프리즐(frizzle)' 유전자 돌연변이는 깃털이 뒤집혀 자라는 특
징을 가진다. 이 때문에 체온 유지를 어려워하므로, 영국에서는 프리즐
닭을 온실에서 사육한다.

그러나 이 닭은 열대에서는 아무런 불편 없이 살아갈 수 있다. 즉,
프리즐 돌연변이를 일으킨 닭은 추운 곳에서는 도태상 매우 불리하나,
더운 곳에서는 흔치 않아도 유리한 것 같다. 이런 경우도 도태하고는
관련이 있는 것같이 보이기는 하나, 별로 닭의 진화 자체하고는 관계가
없는 듯하다.

이러한 자연도태의 예를 보아도, 아직 유감스럽게도 자연도태에 의
해 진화가 유발되었다는 것을 증명할 수 있는 경우는 단 한 건의 예도
없다. 어쩌면 자연도태는 가역적인 적응까지는 설명할 수 있어도, 되돌

146

아가지 않는 불가역적인 진화를 설명하는 이론으로서는 성립될 수 없는 것인지도 모른다.

그렇다고 해서 생물이 내부 감각을 갖고 있으며, 그 요구에 의해 새로운 기관이 생긴다는 라마르크식 목적론이 옳다고도 여겨지지 않는다.

한편, 레트로바이러스에 의한 이른바 유전자의 수평 이동이 확인되었으며, 유전자가 유입된 생물의 유전자에 변화가 발생한다는 사실이 발견되고 있다. 바이오테크놀러지에서 응용되는 플라스미드에 의한 유전자의 수평 이동도 역시 진화의 요인이 될 가능성이 있다고 보인다.

유전자의 수평 이동이 진화의 관건이 된다면 생물은 도태될 뿐만 아니라, 자체로도 바이러스나 플라스미드를 이용하여 진화할 수 있는 어떠한 기능이 있다고 보아도 될 것이다. 바이러스나 플라스미드를 내부 감각이라고 할 수 있는지 여부는 별개 문제로 하더라도 진화의 주역이 환경뿐이라는 기계론을 재고할 필요가 분명히 있을 것 같다.

또 당분간은, 진화의 주역과 관련된 생물과 환경에 대한 논쟁은 계속될 것 같다. 다음 절에서는 진화가 개체의 수준에서 일어나는지, 또는 종의 수준에서 일어나는 것인가 하는 진화의 주역 문제에 대해서 검토하여 보기로 하자.

종이란 무엇인가?

진화를 생각할 때 항상 문제가 되는 것은 '종'이라는 개념이다. 종이 진화에 대하여 어떤 역할을 하고 있는가 하는 문제는 아직 충분하게 해명되어 있지 않다. 심지어는 종이 정말 존재하는가 하는 의문조차 있는 것 같다.

　말할 것도 없이, 과학으로서의 진화론은 다윈이 저술한『종의 기원』으로 시작되었다. 그런데『종의 기원』은 결코 제목대로의 책은 아니라고 한다. 다윈 진화론에서는 생물이 변화하여 생긴 변종에 자연도태가 계속 작용함으로써 변종에서 새로운 종이 형성된다고 보고 있다. 그러나 생물이 어느 정도 변화하면 변종에서 신종이 되는가 하는 가장 중요한 점에 대해서 다윈은 아무것도 말하지 않았다.

　종의 정의, 그 자체가 낡고도 새로운 문제이다. 그러나 종의 정의에 대해서는 현재도 수많은 전문가 사이에서 완전한 의견의 일치를 이루지 못하고 있다.

　예로부터 생물학에서는 생물의 종은 다양한 모습이나 모양 등 형태상의 특징으로 분류되었다. 종이란 개념은 스웨덴의 린네(Linne)를 창시자로 하는 분류학과 깊은 연관이 있다. 분류학에서는 각각의 생물 개체가 같은 형태를 하고 있는가가 기준이 된다. 이 지구상에 살고 있는 생물의 종류는 130만 종이라 한다. 생물을 관찰하는 것밖에 할 수 없었던 시기에 방대한 생물의 종류를 분류하기 위해서는 형태에 의한 차이를 기준으로 할 수밖에 없었다.

그림 3-9 | 칼 폰 린네(1707~1778) 스웨덴의 박물학자. '이명법'을 확립.

현재에도, 종은 서로 교배하여 자손을 남길 가능성이 있는 생물의 집단이라는 정의가 널리 사용되고 있다. 이 정의는 동물분류학자인 E. 마이어(E. Mayr)의 생각에 근거한 것이다.

마이어는, 실제로 교잡하고 있거나 교잡이 가능한 집단 중에서, 다른 집단과 생식적으로 격리되어 있는 집단을 종이라 하고 있다.

따라서 그는, 생식적 격리의 메커니즘이 해명되면 종의 기원을 설명할 수 있다고 생각하였다. 그런데 실제로 교배하여 자손이 남는지를 확인하는 것은 거의 불가능할 때가 많다. 한편, 모습이나 모양의 차이로 분류하는 것은 확실히 간단하고 편리하다.

그러나 단순하게 오직 형태상의 차이에 의해 분류한 종을 진화의 단위로서 정의하려는 데는 큰 의문이 생긴다.

또한 종은 동일한 독자성을 갖는 개체의 집단이라고 정의하는 학자도 있다. 2개의 개체가 마주쳤을 때 서로가 동성이면 배우자에 대한 경쟁의식을 갖고, 이성이라면 배우자 상대로 여기는 것이 동일한 독자성을 갖는 것이라고 한다면, 어쩐지 수긍할 수 있다. 그러나 이 경우에서도 잘 생각해 보면, 독자성(identity)이란 뜻이 분명하지 않다.

종은 진화하지 않나?

천체의 운동 법칙에서는 하나하나의 별이 무엇으로 되어 있건 관계없이 지구나 별이 단위이다. 또 세포는 생체의 기본 요소이기는 하나, 뇌세포를 아무리 상세하게 조사하여 보아도 인간의 인식이나 사고의 메커니즘은 아마도 해명될 수 없을 것이다.

즉 자연도태를 설명하는 이론에는 그 현상에 적합한 정확한 단위가 필요한 것이다. 진화라는 현상에 대해서도 진화를 설명할 수 있는 정확한 단위를 생각하지 않으면 안 된다.

진화에는 개체를 단위로 하는 사고방식과 종을 단위로 하는 사고방식이 있다. 그러나 양자 간의 공통점은 진화를 유발하는 단위는 유전자라고 인식하고 있는 점이다. 진화의 단위가 개체이건 종이건 간에 유전자가 변하지 않으면 진화는 진행되지 않는다는 점에서는 이론이 없다. 문제는 유전자의 변화가 확대되어 고정되는 것이 종인가, 아니면 개체인가 하는 것이다.

대단히 재미있는 것은, 다윈 진화론이 개체를 진화의 단위로 하는 데 반해 이마니시 진화론에서는 진화의 단위는 개체가 아니라 종이라고 한다는 것이다. 다윈은 개체의 변화가 어떻게 종의 변화로까지 펴져 나가는가를 설명하는 데 많은 노력을 쏟았다. 한편, 이마니시의 "종은 변할 때가 되면 변한다"라는 주장으로서도 알 수 있듯이 진화를 설명하는 데 종을 단위로 하고 있다.

그렇지만 세상에는 종이 진화하지 않는다고 단언하는 학자도 있다. 종은 진화하지 않는다는 사고의 대표는 일본 시즈오카(靜岡) 대학의 가와다(河田雅至)이다. 가와다는『처음의 진화론』에서, "개체 변화의 결과로써 한 집단과 다른 집단의 개체형태가 유사하거나 달라지기도 한다. 또한 한 집단의 개체와 다른 집단의 개체에는 자손을 남길 확률이 남아 있을 수도 있고, 이미 자손을 남길 수 없을 정도로 달라져 있을지도 모른다. 어느 경우이든 실제로 진화하거나 진화에 관련된 것은 유전자, 개체, 번식 집단 또는 실질적 유전자 교류 집단 등이며, 그 결과로서 생물학적 종 개념에 의한 종(잠재적으로 번식 가능한 집단)이나 형태의 유사성으로 분류한 종이 생겨난다. 즉, 종 자체가 변화하고 진화하고 있는 것은 아니다. (중략) 종은 분류하기 위한 단위로서는 유효한 개념이기는 하나, 진화에 관련한 집단으로 사용하기에는 부적절하다. (중략) 나의 의견으로는 진화를 생각할 때 종이란 무엇인가를 생각하는 것은 뜻이 없다."라고 진술했다.

가와다는 이 같은 사고의 근거로서, "각각의 종으로 분류되고, 교미하여 남길 수 있는 자손의 수가 감소하는(즉 생식적 격리가 부분적으로 생기는) 것 같은 집단끼리라도 일부 지역에서 분포가 겹쳐 오랜 기간에 걸쳐 교배를 계속하고 있는 예가 개구리, 메뚜기, 생쥐 등의 종류로서 알려져 있다. 이러한 교미가 이루어지고 있는 지역을 교잡대라고 부른다. (중략) 즉, 생식 격리(잠재적으로 번식 가능한지 여부)의 유무로 정의한 종은 진화를 생각하는 데서는 유효한 단위로는 되어 있지 않다.”

“가는부리 갈라파고스방울새를 보면 핀타섬의 집단과 산타크루스섬의 집단은 잠재적으로는 서로 번식할 가능성은 있다. 그러나 실제로는 핀타섬에 있어서는 작은 사이즈로, 산타크루스섬에서는 큰 사이즈로 독자적인 진화를 하고 있다.”라는 등의 예를 몇 가지 들고 있다.

가와다의 말과 같이 진화론에서 종의 정의는 별로 명확한 것 같지 않다. 그렇다고 ‘지역 번식 집단’이나 ‘실질적 유전자 교류 집단’과 같은 어려운 전문용어를 만들어 낸다 하여 정말로 문제가 해결될 수 있을까?

실질적 유전자 교류 집단 등으로 말해 보아도 종의 장벽을 넘은 생물 사이에서 유전자의 교류가 이루어지는 사실은 많은 생물에서 보이고 있다.

대장균과 녹농균 간에는 항생 물질이나 중금 속에 대한 내성 유전자를 서로 ‘실질적으로 교류’하고 있다. 또한 레트로바이러스는 비비에서 고양이로 ‘실질적인 유전자의 교류’를 일으키는 사실이 인정되고 있다.

이렇게 되면 실질적 유전자 교류 집단이 진화의 단위가 될 이유가 없다. 예를 들어, 비비와 고양이가 같은 번식 집단이거나 실질적 유전자 교류 집단에 속한다는 것인가? 실질적인 유전자의 교류 같은 것을 기준으로 하였다가는 지구상의 생물은 그야말로 '생물은 모두가 형제 관계'가 되어 버려, 진화론을 논할 바가 못 된다.

고구마 씻는 것은 일본원숭이의 문화인가?

다소 자연과학과는 다른 측면인 문화의 진화라는 점에서도 진화의 단위가 개체인가 종인가 하는 의문에 대해 흥미로운 사실이 알려져 있다.

먹이로 길들인 일본원숭이의 집단에서는 많은 문화적 현상이 발견되고 있다. 일본원숭이는 수영을 즐긴다는 감정이 있고, 먹이인 고구마나 감자 종류를 바닷물에 절이면 염분이 밴다는 사실을 이해하는 지능도 있다.

자연계에서 몇십만 년이나 살아 온 일본원숭이의 조상에 수영을 즐긴 무리는 없었을 것이다. 또한 염분을 조미료로 이용하고 있는 야생 일본원숭이의 무리도 아직 알려지지 않았다.

그러나 바다에 들어가 헤엄치거나, 바닷물의 짠맛을 알아차린 일본원숭이가 이제까지 한 마리도 없었다고는 볼 수 없다. 오히려 그러한 일본원숭이의 개체가 있었다고 여기는 것이 자연스럽다. 문제는 그 같은 행동이 왜 일본원숭이라는 종 전체의 특성으로 될 수 없었는가 하는 것이다.

이 문제와 관련하여 생각할 수 있는 것은 야생 일본원숭이의 무리에는 정보의 전달력이 별로 없었다는 사실이다. 먹이로 길들여 관찰한 일본원숭이의 고구마 씻기 같은 행동은 우선 어미에서 새끼로 전해지고,

그림 3-10 | 일본원숭이. 오른쪽은 아즈키 섬의 죠지 계곡에 살고 있다. 왼쪽은 시모키타 반도의 온천물에 잠겨 있는 일본원숭이. 일본 특산종이며 세계에서 가장 고위도에 서식하는 원숭이다.

다음에 새끼들 사이에 전해지고, 곧 무리 전체로 전파되었다. 원숭이는 우리와 같은 언어를 갖고 있지 않으므로 이러한 문화적인 정보 전달은 거의 전부가 시각에 의한 모방으로 진행된다.

먹이로 길들인 일본원숭이의 집단은 먹는 장소가 같으므로 다른 원숭이의 행동이 언제나 눈에 띄며, 서로의 움직임에 항상 마음을 써야 하는 상태에 놓여 있다. 그러나 야생의 무리는 먹는 장소가 일정하게 없으므로 서로의 행동 따위에 마음을 쓸 필요도 없을 것이다. 우선 다른 원숭이에 대해 일일이 걱정할 여유 같은 것도 없었을 것이다.

즉, 먹이로 길들인 집단에서는 정보 전달이 용이하나 야생 집단에서는 정보가 전달되기 어렵다. 그러므로 모처럼의 새로운 문화적 행동도 무리 속에 전파되기 전에 사라지게 될 것이다.

이같이 문화적 진화에서도 무리 수준에서의 동시적인 문화의 변화가 필요하다는 것을 생각하면, 진화도 개체가 아니라 역시 종을 단위로 하여 논하는 것이 옳은 것 같다고 필자는 여기고 있다.

진화의 단위도 미해결의 문제점이기는 하나 진화가 우연의 결과인가, 혹은 필연적인 것인가라는 주제도 예로부터 되풀이되어 온 큰 문제이다. 다음은 이런 문제에 대해 생각해 보자.

생물에는 '생장력'이 있다

진화는 방향성이 있는 필연의 결과인가, 아니면 단순한 우연의 결과인가 하는 문제는 예로부터 논쟁의 대상이었다.

다윈은 자연도태라는 사고방식을 주무기로 하여, 진화에는 방향성이 없고 우연에 지배되어 있다는 기계론의 입장을 취함으로써, 비로소 생물의 진화를 신의 손으로부터 되찾았다.

그러나 다윈이 『종의 기원』을 발표한 지 불과 8년 후인 1871년에는 벌써 다윈 진화론에 반대하는 의견이 출현하였다. 미국의 고생물학자 코프(E. D. Cope)가 제창한 '정향 진화설'이다. 정향 진화설은 문자 그대로 진화에 방향성을 인정한다는 것이다. 코프는 화석을 조사하면 진화에는 향상하는 경향을 인식할 수 있으므로 생물은 '생장력'이라는 향상하는 요인을 갖고 있다고 생각했다.

코프를 지지한 와이머는 이러한 진화를 '정향 진화'라고 불렀다. 정향 진화설에서는 생물에 야기되는 다양한 변이는 우연에 의한 것이 아니라 일정한 방향성이 있다고 보고 있다. 매머드의 송곳니나 아일랜드 주걱사슴의 뿔이 같은 과잉 적응 현상 등은 다윈 진화론으로는 설명하기 어려우나, 정향 진화설로는 설명할 수 있다. 그러나 생물이 갖고 있

그림 3-11 | 호수를 건너는 주걱사슴. 아일랜드 주걱사슴은 이미 절멸하였으나, 더욱 거대하였으며, 그 뿌리는 끝에서 끝까지가 3미터나 됐다고 한다.

다는 향상력이나 성장력의 실체에 대해서는 아무런 근거도 제시하고 있지 않다. 그러므로 정향 진화설을 전면적으로 지지하는 과학자는 많지 않다.

자연도태라는 안내자

유전은 유전자가 복사되어 양친에서 자손으로 전달되는 것이 기본이다. 유전자에 쓰인 유전 정보는 염기 배열로 인하여 결정된다. 그 염기 배열이 정확하게 복사되어 자손에 전해진다. 이 유전자의 복사는 놀라울 정도로 정확하게 이루어진다. 그러나 극히 드물게는 착오가 생기는데, 이 착오가 돌연변이의 원인이 된다.

돌연변이는 한 염기가 착오로 인해 다른 염기로 치환됨으로써 유발되는 경우가 압도적으로 많다. 이러한 착오는 전적으로 우연에 의해 발생한다는 사실이 알려져 있다.

이제까지 초파리 등으로 많은 생물학자들이 관찰한 돌연변이는 이러한 우연적인 착오이다. 이 사실은 돌연변이가 야기된 초파리를 보면 분명하다.

초파리는 유전 실험에 자주 쓰이는 작은 파리이다. 초파리를 X선이나 자외선에 노출시키면 인공적인 돌연변이가 생긴다. 이런 실험적인 돌연변이 대부분은 초파리가 살아가는 데 유리하기는커녕 오히려 불리할 뿐이다.

유전자로 무작위적인 돌연변이를 일으킨다는 것은 완성된 교향곡에 멋대로 잡음을 첨가하는 것과 같은 일이다. 우연히 첨가한 엉터리 잡음으로 완성된 교향곡이 더 멋진 곡이 된다고는 생각할 수 없다.

지구상에 존재하는 모든 생물이 이러한 엉터리 돌연변이에 의해서만 진화하였다고 보는 것은 아무래도 무리한 생각이다. 그래서 필요해진 것이 자연도태라는 발상이다. 방향성이 없는 엉터리 돌연변이 중에서, 진화에 적합한 변화만을 골라낼 수 있는 자연도태에 의해 진화가 성립된다는 것이다.

운 좋은 자만 생존?

그런데 실제로 열등한 생물은 살아남기 어렵고, 우월한 생물이 살아남기 쉬운 것일까.

이러한 의문에 대하여 다윈 진화론에 비판적인 이마니시는 사자와 얼룩말의 관계에 대하여 다음과 같이 설명한다. 사자가 얼룩말 무리를 습격하면 얼룩말은 필사적으로 도망치고 사자는 전력을 다해 쫓는다. 다윈식으로 말하면, 발이 빠른 얼룩말은 잡히지 않고, 발이 느린 얼룩말이 잡아먹힐 것이다.

그러나 사자에게 잡아먹힌 얼룩말은 발이 느리고, 살아남은 얼룩말은 발이 빨랐다는 증거는 어디에도 없다. 이마니시는 사자에게 잡힌 얼룩말은 단지 운이 나빴을 뿐이고, 살아남은 얼룩말은 우연히도 운이 좋았을 뿐이라고 생각한다. 실제로 사자는 무리 중에서 발이 느린 얼룩말만을 골라 습격하는 것처럼 보이지 않는다. 사자는 순발력이 강하나 지구력은 없으므로 맨 처음 눈에 띈 목표를 향해 단숨에 습격한다. 목표로 삼은 얼룩말을 쫓고 있을 때는, 비록 늦게 도망치는 얼룩말이 뒤에 있어도 사자는 목표를 바꾸지 않는다.

사자는 끝까지 처음에 노린 얼룩말을 쫓는다. 이러한 사실로서 알 수 있듯이 사자에게 눈에 띈 얼룩말은 단순히 운이 나빴을 뿐이다. 이마니시는 '적자생존'이 아니라 '운 있는 자의 생존'이라고 표현함으로써 자연도태와 적자생존에 의한 방향성 없는 진화를 비판한다.

또한 다윈 진화론의 이상한 점은 돌연변이가 생겼더라도, 바로 진화하는 것이 아니라 돌연변이가 반복되어 축적됨으로써 비로소 진화한다는 점이다. 참으로, 우연이고 엉터리 같은 돌연변이가 그렇게 순리적으로 몇 번이고 되풀이될 수 있을까.

너무나 훌륭하다!

파충류에서 조류로 진화하려면 앞다리가 날개로 진화하는데, 이 같은 큰 변화가 생기려면 많은 변화가 정연하게 이루어질 필요가 있다. 날개가 형성될 뿐만 아니라, 그 날개를 움직이기 위해서는 뇌도 동시에 진화하여야 한다. 뼈를 중공으로 하여 체중을 감소시키거나, 공기 저항을 적게 할 수 있는 체형의 변화도 필요할 것이다.

'하늘을 나는' 데 필요한 무수한 돌연변이가 목적에 맞게 동시다발적으로 생길 수 있을까. 더욱이 돌연변이란 어디까지 우발적으로만 생기지 않는데 말이다. 또한 이 같은 변화는 1개의 개체에 생기는 것은 아니다.

조류라는 종이 형성되는 데는 충분한 수의 개체 간에서 동일한 변화가 때를 함께하여 더욱이 거의 같은 속도로 생겨야만 한다. 차를 닥치는 대로 부수고, 적당한 부분을 이어 맞추면, 어느 사이엔가 비행기가 생기는 일은 있을 수 없다.

이러한 의문은 산란 시기의 맵시벌의 행동을 관찰하면 더욱 커진다.

암컷 맵시벌은 긴 산란관으로 알을 나방 유충 체내에 낳는다. 이 현상은 자연에서 볼 수 있는 적응 중에서 가장 멋진 예시 중 하나로 너무

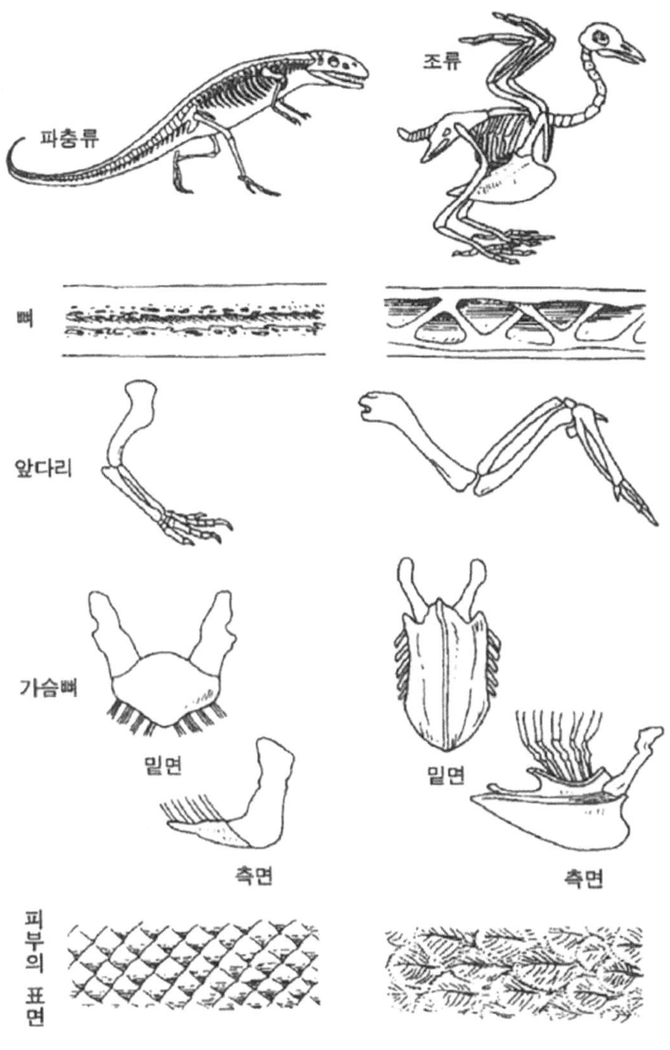

그림 3-12 | 새(비둘기)의 파충류로부터의 진화. 왼쪽은 그 조상으로 여겨지는 파충류인 데코돈트.

그림 3-13 | 땅속 나방 유충에 긴 산란관으로 알을 낳고 있는 맵시벌

나도 유명하다. 나방 유충 체내에서 부화한 맵시벌 유충은 나방 유충을 먹기 시작한다.

이때 맵시벌 유충은 놀라운 행동을 취한다. 처음에는 나방 유충의 저장 지방이나 결합 조직만을 먹으며, 나방 유충에게 치명적인 기관은 남겨 놓는다. 다음 나방 유충이 번데기가 되면 비로소 맵시벌 유충은 나방 번데기를 먹어 치운다. 마지막으로 맵시벌의 유충은 나방 번데기에서 나와 번데기가 되는 것이다.

맵시벌의 행동은 진화가 훌륭할 정도로 합리적이고, 낭비 없는 상태임을 나타낸다. 맵시벌 유충은 아무도 가르쳐 주지 않았는데도 이러한 행동 방식으로 성장한다. 더구나 모든 맵시벌 유충은 같은 행동을 한다. 성장한 암컷 맵시벌은 어디서도 가르침을 받지 않았는데도 반드시 나방 유충 체내에 알을 낳는다. 이러한 행동도 모든 암컷 맵시벌이 하고 있다. 맵시벌의 행동을 관찰하면 진화가 단순한 우연의 돌연변이가 축적된 결과라고는 좀처럼 믿기 어렵다.

기생 생물은 흔히 극단적이라 할 정도로 퇴화하여 있다. 특히 운동 기관이나 감각 기관이 퇴화하는 경우가 많다. 주머니벌레는 갑각류에 속하는데, 생식 세포의 주머니가 곰팡이같이 이어져서 숙주인 게의 양분을 흡수하며 살아간다. 주머니벌레가 기생 생물로서 운동 기관이나 감각 기관이 퇴화한 것은 실은 진화라고 보아야 한다. 기생 생물의 진화도 우연한 돌연변이에서 생겨났다는 것은 지나치게 합리적인 일로 보인다.

돌연변이의 방향성

돌연변이는 멋대로 생긴다고 한다. 생물에게 유리한 돌연변이가 생기는지, 혹은 불리한 돌연변이가 생기는지는 전적으로 우연이라고 본다. 다윈의 생각에 따른 종합 진화설은 이러한 돌연변이를 기초로 하고 있다. 그런데 이제까지 곤충만을 잡아먹던 새가 곤충이 없는 환경으로 옮겨졌을 때, 꿀을 빨아먹기에 알맞은 가느다란 부리가 생기는, 환경에 맞는 돌연변이가 일어날 수 있다는 보증은 아무것도 없다.

그런데 최근에는, 돌연변이 자체는 방향성이 없이 무작위적이라는 데 대해서도 의문이 제기되고 있다. 돌연변이 발생률이 환경의 영향에 따라 변한다는 사실이 알려지기 시작하였다.

X선은 돌연변이의 발생률을 높인다. 실제로 초파리에 X선을 쬐면 돌연변이의 발생률이 상승한다. 돌연변이 대부분은 생물에게 유해하기에 생물들 자손의 탄생 수가 격감한다. 그러나 X선을 계속 쬐고 있으면, 몇 세대 후에는 X선에 의한 초파리의 돌연변이 발생률이 감소하고 번식력을 회복한다.

이 같은 사실은 초파리는 돌연변이를 재조절하는 유전자가 존재한다는 것을 가리키고 있다. 돌연변이가 생기는 것은 무작위적이라 해도, 돌연변이의 발생률은 환경에 따라 방향성이 주어져 있을지도 모른다.

그리고 돌연변이가 무작위적으로 생긴다는 상식에 적신호가 될 수도 있을 사실이 발견되었다.

제2장에서도 소개하였듯이, 대장균에 생기는 돌연변이는 무작위적이지 않고 일정한 방향을 갖고 있다는 실험이 『네이처』지에 발표되었다(1989년).

실험은 이렇다. 유당을 분해하지 못하는 대장균을 유당만인 환경에서 배양하면 유당을 분해하는 돌연변이가 생기는 비율이 높아진다. 즉, 유당이 있다는 환경이 돌연변이를 유발했다는 것이다.

더욱이, 대장균이 원래 지니고 있던 유당 분해 유전자가 돌연변이에 의해 다시 작용할 수 있게 되었다고도 해석할 수 있다. 원래부터 대장균은 유당을 분해하는 유전자가 없다면, 대장균은 어떠한 환경에서도 유당을 분해하는 유전자가 새롭게 생겨나는 돌연변이는 야기될 수 없다고 여겨지기 때문이다.

이 실험에는 아직 불확실한 점도 많고, 세계 여러 과학자들에 의해 충분히 확인되어 있지 않다. 그렇지만 이 실험이 사실이라면 진화가 생기는 데 가장 중요한 돌연변이에는 생물을 향상시키려는 방향성이 있다는 해석도 성립된다.

이 같은 새로운 과학적인 사실을 중심으로 돌연변이에는 방향성이 있는지 없는지, 그리고 진화는 우연인가, 필연인가 하는 데 대한 논쟁이 다시 활발하게 되었다.

이 진화를 둘러싼 우연과 필연 논쟁을 보면, 흥미로운 사실을 알 수 있다. 다윈 진화론에서는 유전자의 변화는 우연이지만, 변화한 생물의 생존자에 대해서는 (자연도태에 의한) 방향성을 인정하려고 한다. 이에 대해 이마니시 진화론에서는 반대로 유전자 변화에 대해서는 일정한 방향성을 인정하면서 생물이 살아남는 기회는 운이라는 우연에 지배된다고 주장한다.

이처럼 진화를 설명하기 위해서는 우연과 필연의 어느 한쪽이 교대로 등장한다. 변이가 우연인가, 필연인가 하는 논쟁은 진화가 해명되는 날까지 반복될 난해한 문제일지 모른다.

진화론을 둘러싼 또 하나의 어려운 문제가 진화는 연속된 것인가, 아니면 불연속인가 하는 문제이다. 다음으로 그것을 알아보자.

작은 변이가 연속적으로 생겨…

진화를 둘러싼 논쟁에서 자연은 연속이라는 생각이 주역의 자리를 차지하였다.

다윈은 『종의 기원』에서 "생물의 구조, 습관, 체질이 분기하면 할수록 더 많은 생물이 동일 지역에서 생존할 수 있다. 이러한 사실은 좁은 지역에 서식하는 자나 귀화 생물을 관찰하면 분명해진다. 따라서 어느 종의 자손도 변화하고 모든 종이 수를 늘리려고 끊임없이 싸울 때, 보다 분기한 자손일수록 생활을 위한 싸움에서 성공할 기회가 많다. 그리하여 같은 종의 변종을 구별할 수 있는 작은 차이가 차차 확대되어, 같은 속(屬)의 종을 구별하는 큰 차이가 되고, 나아가서는 서로 다른 속의 차이에까지 이른다."라고 말하고 있다.

다윈이 비글호의 항해에서 가장 감명받은 것은 갈라파고스(Galapagos) 제도(諸島)의 생물이었다. 다윈은 갈라파고스 제도에서 다윈방울새라는 작은 새의 진화에 흥미를 가졌다.

갈라파고스 제도에는 14종의 다윈방울새가 서식하며, 그 생활양식이나 서식지인 섬의 차이에 따라 부리의 모양이 다르다. 이 14종은 갈라파고스 다윈방울새아과(亞科)에 속한다. 남아메리카 대륙에서 건너온

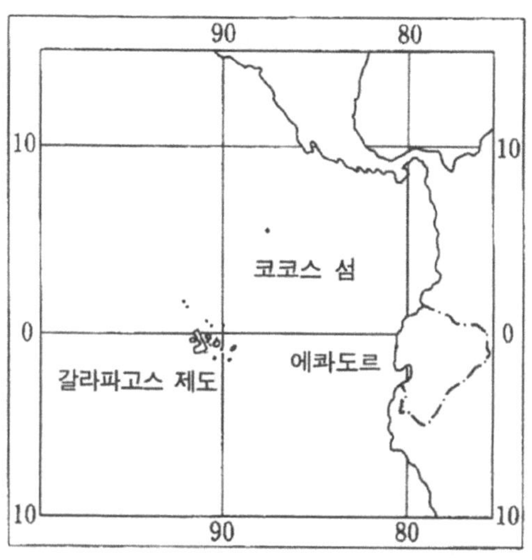

그림 3-14 | 갈라파고스 제도.
남아메리카 에콰도르에서 서쪽으로 1,000킬로미터 정도에 있는 화산섬이다.

조상에 가장 가까운 지상방울새에서 수상방울새로 진화하였다는 사실은 〈그림 3-15〉로서도 잘 알 수 있다. 부리 모양을 보아도 먹이에 따른 모양의 차이가 뚜렷하다.

방울새의 조상은 남아메리카 대륙에서 갈라파고스 제도에 와서 번식하였다. 이 방울새가 섬의 환경에 적응하여 다양한 모습이나 모양으로 변화하였다고 생각하는 것으로 다윈은 자연도태에 의한 진화라는 개념을 발상하였다.

다윈방울새와 동일하게 주목된 것이 하와이 제도에 서식하는 하와

그림 3-15 | 지상방울새로부터 진화한 14종의 다윈방울새의 계통수. 각각 부리에 특징이 있다.

이 미조멜라(Myzomela)라는 새이다. 그 부리는 꿀을 빨기에 편리한 가늘고 긴 것, 각종 씨나 열매를 쪼는 데 적합한 짧은 것, 또는 벌레를 잡기에 적합하게 예리한 것 등으로 진화하여 있다.

다윈방울새나 하와이 미조멜라의 진화를 보면 여러 가지 환경에 의해 실로 다양하게 변화하였음을 인정하게 된다. 이러한 자연의 다양성을 목격한 다윈은 진화를 연속적인 변화로 생각하였다. 자연에서의 많은 관찰은 "같은 종의 변종을 구별하는 작은 차이가 점차 확대한" 결과를 나타낸 것처럼 생각되었다.

연속적 인과율의 승리

서양 자연과학의 원리 중에 연속적 인과율이란 개념이 있다. 진화도 연속적 인과율로 설명할 수 있게 되었을 때 비로소 과학의 대열에 낄 수 있게 되었다. 다윈은 진화를 연속적 인과율로 설명하는 데 성공한 위대한 과학자이다. 다윈에 의하여 진화는 자연과학의 상자 속에 수용되었다.

연속적 인과율이란, 모든 자연현상에는 반드시 원인과 결과가 있으며, 한 결과가 원인이 되어서 새로운 결과를 낳게 한다는 생각이다. 그리고 과학은 이러한 원인과 결과 사이에 존재하는 일정한 법칙을 알아내는 것이리라.

근대 과학은 자연을 기계로 간주하고, 기계가 아무리 복잡해도 반드시 자연의 법칙으로 움직인다고 생각한 덕에 크게 진보하였다. 많은 과학자들은 자연계에서 일어나는 모든 일은 그것에 선행하는 원인에 의

그림 3-16 | 하와이 미조멜라. 다윈방울새에 해당하는 하와이섬의 새.

하여 결정된다는 결정론을 믿어 왔다.

결정론에서는 뉴턴과 라이프니츠가 발견한 미분 방정식이 자연이라는 기계를 이해하는 도구였다. 미분 방정식을 사용하면 한 별(星)에 작용하는 힘만 알면 그 별의 궤도가 계산된다. 어느 별의 어느 순간에서의 위치와 그때의 운동 속도를 알면 과거는 물론이고, 그 별의 미래 위치도 계산할 수 있다.

이러한 사실에서 미적분은 별뿐만 아니라 모든 미래의 상태도 예측할 수 있다고 여겼다. 17세기의 프랑스 수학자 피에르 라플라스는 이런 생각을 기초로 하여, 모든 미래는 엄밀하게 결정되어 있다고 주장하였다.

라플라스는 "우주의 현재 상태는 과거의 결과거나 미래의 원인이다. 어느 주어진 순간에 작용하는 모든 힘과 물질을 구성하는 전부의 상호 위치를 알아낼 수 있는 지성이 있고 또한 그 지성은 이러한 모든 자료를 해석할 수 있는 능력이 있다면, 우주에 존재하는 모든 물질의 움직임을 단 한 개의 공식으로 말할 수 있을 것이다. 이러한 지성에 있어서 불확실한 것은 아무것도 없고, 미래도 과거도 일순간에 우리들의 눈앞에 제시될 것이다."라고까지 말하였다.

이러한 지성은 '라플라스의 악마'라고 불리었다.

미적분이란 어떤 물체가 무한하게 작은 시간에 무한하게 작은 거리만을 나아간다는 무한소의 양을 기본으로 한 원리이다. 그러므로 미적분은 연속성의 개념이라고도 한다. 미분 방정식에 떠받쳐져 있는 근대 과학은 모든 자연현상을 연속된 것으로 보는 체계이다.

가지가 갈라지는 데서 무엇이 생겼는가?

다윈 진화론도 자연을 연속적으로 본다는 입장이었다. 다윈방울새의 예에서도 진화의 계통수가 나타난다. 다윈방울새 진화의 계통수를 보면 남미대륙에서 온 조상부터 현재까지의 변화를 한눈에 알 수 있다. 진화를 계통수로 정리하는 것은 장기간의 변화를 보는 데 있어 대단히

그림 3-17 | 갈라파고스 작은 날개 가마우지. 이 날개가 퇴화한 가마우지는 갈라파고스 제도에서만 서식한다. 이 새도 서서히 연속적으로 날개가 퇴화하였을까?

172

편리한 방법이다. 다윈방울새처럼 1개의 아과에 속하는 생물의 계통수만 아니라 포유류의 진화도 깨끗하게 정리할 수 있다.

그러나 계통수는 단순히 진화의 흐름을 보기 쉽게 한 것으로 야구의 득점표 같은 것에 불과하다는 비판도 있다.

진화에 있어서 가장 중요한 것은 새로운 종이 어떠한 메커니즘에 의해 발생하였는가 하는 점이며, 오직 진화의 결과를 배열하여 본 것만으로는 가지가 갈라진 부분에서 무엇이 생겼는지는 설명할 수 없다. 계통수를 보면 사람과 원숭이가 공통의 조상이란 것은 일목요연하나, 사람으로 되지 못한 원숭이는 어떻게 되었는가 하는 의문이 생기게 마련이다.

다윈방울새를 보자면 가지가 갈라진 데서 다윈이 말한 바와 같이 작은 차이가 약간씩 확대되었는지 싶다. 초식방울새와 식충방울새라는 차이는 큰 변화가 돌연히 생겼기 때문인지도 모른다.

여기서 진화를 연속으로 보는가, 아니면 불연속으로 보는가 하는 것이 논쟁의 초점이 된다.

에이즈 바이러스는 말한다

화석으로도 알 수 있듯이, 진화는 몇천만 년, 몇억 년이란 아득한 긴 시간에 걸쳐 생겨나는 일이며, 우리들이 진화를 눈여겨본다는 것은 있을 수 없는 일로 여겨졌다. 그러나 극히 최근에 이르러, 그것도 불과 10년도 되기 이전에 지구상에서 하나의 진화가 발생하였다. 바로 에이즈 바이러스(HIV)의 출현이다.

1980년, 에이즈 바이러스는 돌연히 미국의 로스앤젤레스에 나타났다. 에이즈 바이러스의 발생은 진화가 대단히 긴 시간에 걸친 결과임을 생각하면, 참으로 돌연한 일이었다고 할 수 있다.

생명의 자연 발생설은 이미 과학적으로도 완전히 부정되어 있으므로 우주인이 지구로 갖고 온 것이 아닌 이상, 에이즈 바이러스는 이미 지구에 존재하였던 바이러스부터 진화하였다고 생각할 수밖에 없다. 에이즈 바이러스는 진화에 관한 절호의 재료일 수도 있다. 그러나 현대 과학으로는 겨우 에이즈 바이러스의 계통수를 만들 수 있는 정도인 것 같다.

일본에는 두 사람의 유명한 진화론자가 있다. 기무라와 이마니시다.

이미 설명한 바와 같이 기무라는 1968년에 『네이처』지로 중립 진화설을 제창하고 현재는 다윈 진화론의 이론적 지주로서 활약 중이다. 중립 진화설은 집단 유전학이라는 생물통계학을 기초로 하고 있다. 그

연대	월 = 1	2	3	4	5	6	7	8	9	10	11	12	
1989~90	81	81	83	80	75	69	87	83	74	71	80	80	78%
1955~56	86	85	76	71	74	70	76	78	73	78	81	87	78%
1973~74	83	81	81	80	82	80	76	80	74	79	82	84	80%

표 4 | 일본 메이지 시대의 예보적중률

174

러므로 중립 진화설 논문에는 미적분이 많이 쓰인다. 진화를 연속적으로 보고 수학모델로 설명하는 중립 진화설에 있어서는 미적분은 필요불가결한 도구이다.

한편 이마니시 진화론에서는 "종은 변화할 때가 되었으니 변한다."라는 말이 전부를 말하는 것처럼, 진화를 불연속적인 현상으로 생각한다.

에이즈 바이러스의 기원에 대하여 중립 진화설은 과학적 방법으로 바이러스의 기원을 추구하는 데 대해, 이마니시 진화론은 "에이즈 바이러스는 나타나게 되어 있어서 나타났다."라고 할 것이다. 현대 과학으로서는 이마니시 진화론은 과학이라기보다 동양 사상이라 여겨진다.

그러나 다윈 진화론과 이마니시 진화론, 또는 중립 진화설과 이마니시 진화론의 차이는 서양 과학과 동양 사상이란 차이가 아니다. 양자의 결정적인 차이는 진화를 연속된 현상으로 보는가, 불연속의 현상으로 보는가 하는 극히 본질적인 입장의 차이인 것이다.

왜 내일 날씨를 모르는가

근대 서양 과학의 성과를 부정할 수는 없다. 그렇다고 반드시 서양 과학이 절대적이라고는 할 수 없을 것이다.

일기 예보는 100% 확률로 내일 날씨를 맞힐 수는 없다. 지진 예보도 100%의 정확성으로 맞힐 수는 없다.

그런 것에 비해 12년 전에 지구를 출발한 행성 탐사기 보이저 2호의 위치는 100%의 확률로 계산할 수 있다.

일기 예보에 대한 흥미로운 자료가 있다. 1989년 6월에서 9월의 일본 간토·고오신 지방의 일기 예보 적중률과 메이지 시대의 예보 적중률을 비교하면 양쪽 모두 70~80%로서 거의 변함이 없다. 아무리 무인 관측 시스템 '아메다스'나 기상 위성 '히마와리' 같은 첨단 기술이 정비되어 있어도, 이것으로는 메이지 시대에서 조금도 진보된 것 같지 않다.

분명히 일기예보나 지진예보는 너무나 복잡하여 아직 과학적으로는 불확실한 점이 많다. 그렇다면 언젠가는 더 많은 과학적 사실이나 정보를 알게 된다면 100%의 확률로 내일 날씨나 대지진의 발생을 알 수 있게 될 것인가. 혹은 자연계에는 미적분으로도 해석할 수 없는 미지의

		7월	8월	9월
오늘 밤	적중률	74%	84%	80%
	적절했다	12%	6%	12%
	틀렸다	14%	11%	8%
내일	적중률	76%	76%	75%
	적절했다	18%	15%	14%
	틀렸다	6%	10%	11%
모레	적중률	64%	68%	66%
	적절했다	24%	16%	20%
	틀렸다	10%	16%	14%

표 5 | 최근의 예보 적중률(1989년)

불연속 현상이 있어, 100% 정확한 내일 날씨를 신이 아닌 인간이 아는 방법은 없을까.

앞으로, 새로운 과학 기술상의 발견과 컴퓨터에 의한 복잡한 정보 해석으로 생물의 진화가 미적분으로 밝혀질 가능성을 포함하여, 진화를 연속으로 보는가, 불연속으로 보는가의 문제는 큰 논쟁으로 발전될 것이다.

이제까지 진화론의 논쟁 초점에 대하여 여러 가지로 설명하였으나 끝으로 전쟁과 평화 즉, 생물은 살아남기 위해서 경쟁하고 있는 것인지, 아니면 서로 협조하면서 살아가고 하는지에 대하여 생각해 보기로 하자.

생존 경쟁이란 무엇인가?

다윈 진화론에서는 모든 생물은 서로가 살아남기 위한 싸움을 해야 한다. 이 냉엄한 경쟁에서 이기는 자만이 적자(滿者)로서 자손을 형성할 수 있게 되어 있다.

다윈은 이 싸움을 'struggle for existence'라고 했다. '생존 경쟁' 또는 '생존 투쟁'으로 번역할 수 있다. 물론 생존 경쟁은 단순한 생물끼리의 직접적인 싸움이나 경쟁만을 뜻하는 것은 아니다. 그러나 생물이 자체의 자손을 증가시키기 위한 생존 경쟁은 다윈 진화론에서는 절대로 빼놓을 수 없는 것이다.

『종의 기원』의 제목이 「자연도태 또는 생존 경쟁에 있어서 유리한 품종 보존에 의한 종의 기원」인 것만 봐도, 다윈이 생존 경쟁을 중요하게 여겼다는 사실을 알 수 있다. 실제로 그는 이 주제에 한 장을 따로 할애하기도 했다.

예를 들어, 은어는 자신의 세력권을 지키기 위해 다른 은어가 침입하면 강하게 쫓아낸다. 이 습성을 이용한 것이 바로 전통 은어 낚시법이다. 실에 매단 유인용 은어를 물에 넣으면, 세력권을 침범당했다고 여긴 다른 은어가 공격하려 다가들고, 그 과정에서 낚싯바늘에 걸리게 된다.

생존 경쟁에는 이러한 직접적인 싸움만이 아니라 추위나 더위 등 환경하고의 싸움도 있다. 그러나 다윈 자신은 생존 경쟁이 단순하게 서로가 목숨을 건 싸움이란 뜻으로 오해되는 것을 두려워하였다. 그러한 사실은, 다윈이 『종의 기원』에서 다음과 같이 말하고 있는 것을 보아도 알 수 있다.

"나는 생존 경쟁이란 말을, 한 생물이 다른 생물에 의존한다는 것과 개체가 살아간다는 것만이 아니고, 자손을 남기는 데 성공하는 것(이것은 더욱 중요한 것이다)을 포함하여, 넓은 뜻으로, 또한 비유적인 뜻으로 사용하는 것을 미리 말해 두어야겠다."

다윈은 생존 경쟁을 진화론에 도입하면서, 무엇보다도 태어나는 새끼의 수가 살아남는 수보다 훨씬 많다는 점에 주목하였다.

이러한 다윈 진화론에 대립하는 것이 이마니시 진화론이다. 이마니시 진화론은 경쟁보다는 생물 간의 협조를 중시한다. 그러므로 이마니시 진화론은 협조의 진화론이라고도 한다.

이마니시는 동일 종에 속하는 생물은 본질적인 차이가 없으므로 다윈이 말하는 것 같은, 동일 종에 속하는 생물끼리의 경쟁 등은 생기지 않는다고 생각한다. 이마니시 진화론은 생존 경쟁을 철저하게 부정해 버리고 있다.

종내 경쟁에 대한 의문

생존 경쟁에는 '종내(種內) 경쟁'과 '종간(種間) 경쟁'이 있다. 종내 경쟁이란, 같은 종에 속하는 생물끼리의 생존 경쟁이다. 이에 대하여 종간 경쟁은 종이 다른 생물 간에 이루어지는 생존 경쟁을 말한다. 은어의 세력권 싸움은 종내 경쟁이고, 사자와 얼룩말의 먹느냐, 도망가느냐 하는 경쟁은 종간 경쟁이다.

다윈이 주목한 것은 살아남는 수보다 많이 태어나는 새끼들이 자손을 남기기 위한 그들끼리의 경쟁이었다. 생존 경쟁이란 살아남기 게임에서 이긴 자만이 자손을 남길 수 있다는 것이다. 이러한 사실에서 다윈이 생각한 생존 경쟁이란 어쩌면 종내 경쟁을 뜻하는 것이라고 여겨진다.

종내 경쟁이 사실상 진화와 연관되는가 하는 점에 대해서는 의문스러운 점도 적지 않은 것 같다.

항생 물질이 널리 치료에 사용하게 됨으로써 항생 물질에 대한 내성균이 출현하였다. 이 내성균에 대하여 종내 경쟁이란 측면에서 보면 재미있는 사실을 알 수 있다.

1952년에 일본에서 스트렙토마이신, 클로람페니콜, 테트라사이클린 같은 항생 물질과 설파제의 어느 쪽도 효력이 없는 적리균이 발견되었다. 이 적리균을 조사하니 4개의 약제에 대한 내성을 동시에 갖고 있다는 사실에서 '다제 내성균'이라 불리었다.

가령, 이 내성균이 돌연변이에 의해 생긴다고 가정해 보자. 돌연변이가 생기는 확률을 100만분의 1로서 계산하면 4종류의 항생 물질에 대한 돌연변이가 동시에 생기는 것은, 10^{28}분의 1이란 확률이 된다. 이것은 너무나도 천문학적인 숫자이며 자연계에서 발생할 법한 숫자라고는 도저히 생각할 수 없다.

실제로 결핵 치료에는 3제 병용요법이라 하여, 3종류의 항생 물질이나 화학 요법제를 동시에 사용하는 경우가 흔하다. 이는 결핵균이 하나의 약제에 대해 내성이 생기더라도, 동시에 3개의 약제에 모두 내성을 가지는 돌연변이는 매우 드물기 때문이다.

일본에서의 다제 내성균의 출현을 조사한 결과, 다제 내성균은 놀랄 정도로 빠른 속도로 증가한다. 1950년경까지는 다제 내성의 적리균이 거의 없었다. 그러나 항생 물질이나 설파제를 계속 사용하게 되므로 4, 5년 사이에 70~80%의 적리균은 다제 내성균이 되었다.

이 다제 내성균의 급격한 증가는 다음에 설명하는 바와 같이 어쩐지 다윈이 말하는 생존 경쟁이란 개념을 능가하는 것같이 여겨진다.

플라스미드의 대활약

항생 물질에 대한 다제 내성균의 대부분이 플라스미드라는 유전자에 의해 지배된다는 사실이 증명되었다.

플라스미드란, 박테리아에 있는 염색체의 유전자 '조각(단편)'이다. 내성균은 'R플라스미드'라고 불리는 플라스미드를 지니고 있다. R은 'Resistance'의 이니셜이다. 이 R플라스미드가 다양한 항생 물질에 대

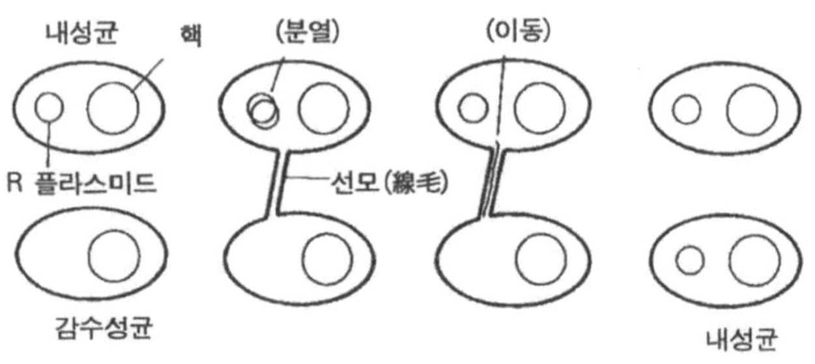

그림 3-18 | 내성균과 감수성균의 접합에 의한 유전자 교류. R플라스미드가 유전자를 갖고 있다.

한 내성 유전자를 갖고 있다. 스트렙토마이신, 테트라사이클린, 클로람페니콜, 설파제에 대한 다제 내성균에도 이 4개의 약제에 대한 내성 유전자를 갖는 플라스미드가 있었다.

다제 내성균이 증가하는 속도가 놀랄 정도로 빠른 것은 플라스미드에 의해 내성 유전자가 내성균에서 감수성균으로 전달되기 때문이다. 내성균과 감수성균이란, 박테리아끼리의 유전자 교환이 이루어지는 것이다.

이 플라스미드 전달을 발견한 것은 일본의 오치아이(落合國太郎)와 아키바(秋葉朝一郎)였다. 당시 매년 10만 명 이상의 적리 환자가 있던 일본에서 1955년에 처음으로 스트렙토마이신, 클로람페니콜, 테트라사이클린, 설파제의 4개 약제 내성을 동시에 지닌 다제 내성의 적리균이 발견되었다. 동시에 같은 다제 내성균이 대단히 빠른 속도로 증가한다는 사실도 알려졌다. 이들 다제 내성균을 조사한 결과 예상치도 않았던 사실이 발견되었다.

다제 내성의 적리균은 돌연변이에 의해 생기는 것이 아니라 세균에서 세균으로 전달되는 다제 내성 유전자에 의해 증식하였다. 다제 내성 적리균과 감수성 적리균을 하나의 시험관에 함께 두니 감수성균이 다제 내성균으로 변하였다. 적리균이 변한 것만 아니라, 감수성 대장균과 함께 두니 대장균이 다제 내성균으로 변하였다. 이렇게 다제 내성 유전자는 플라스미드에 의해 내성균에서 감수성균에 전달되는 사실이 증명되었다.

플라스미드는 항생 물질에 대한 내성 유전자, 거기에 감수성균에 플라스미드를 전달할 때 필요한 선모(線毛)를 형성하는 유전자, 또 플라스미드 자체를 복사하는 유전자를 지니고 있다.

플라스미드에 의한 유전자 전달은 적리균에서 대장균, 대장균에서 티푸스균처럼 여러 가지 세균 사이에서 이루어진다. 전달되는 내성 유전자도 페니실린, 스트렙토마이신, 카나마이신같이 낡은 유형의 항생 물질에서 겐타마이신, 세팔로스포린 등의 새로운 항생 물질까지 여러 가지가 있다. 항생 물질만이 아니라 수은, 카드뮴, 아연, 크롬, 은, 비소 등과 같은 유해한 중금속에 대한 내성 유전자나 여러 가지 독소를 만드는 유전자도 전달하고 있다.

플라스미드에 의한 유전자 전달을 보면, 박테리아가 살아남기 위해 박테리아끼리 싸운다는 인상과는 거리가 있다. 박테리아로서는 항생

대장균

염성 결정(F인자)
콜리신 생산
약제 내성(R플라스미드)
용혈독 생산
수은 내성
질소 고정

포도상구균

약제 내성
수은 내성
엑스파라아틴 독소 생산
카드늄·비소 내성

살모넬라균

유화수소 생산
락토스 분해
라피노스 분해
자외선 감수성

연쇄구균

용혈소 생산
약제 내성

녹농균

염성 결정
수은 내성
약제 내성
톨루엔·크실렌 분해
살리실산·나프탈렌 산 분해

스트렙토마이세스

멜라닌 생산
항생 물질 생산
염성 결정

표 6 | 박테리아 내의 각종 플라스미드

물질에 대한 싸움은 분명 생사를 건 생존 경쟁이라 할 수 있다. 이 싸움의 장에서 박테리아는 플라스미드라는 도구를 사용함으로써 자신뿐만 아니라 다른 박테리아하고도 함께 살아남고 있다.

박테리아가 자신뿐만 아니라 플라스미드를 이용하여 다른 박테리아와 함께 살아남는 것은 다윈식으로 동일 종간의 생물끼리의 생존 경쟁이란 단순 도식으로 설명하기에는 어쩐지 무리가 따르는 것 같다.

유전자는 목이나 문을 건너뛴다

더욱 놀라운 사실은 플라스미드는 생물의 유전자는 종이라는 벽을 넘어서 교류할 수 없다는, 지금까지의 상식조차도 깨 버렸다. 그뿐만 아니라, 플라스미드에 의한 유전자 전달이 비록 인공적이기는 하나 대장균과 효모 사이에서 성공하였다. 유전자는 종(種)을 초월할 뿐 아니라, 목(目)이나 문(門)도 초월한 것이다. 19세기부터 많은 진화 논쟁이 되풀이되었으나 많은 생물학자에게 있어 대장균과 효모 간의 유전자의 교류가 생기리라고는 전혀 생각할 수 없는 일이었다.

미국 오리건 대학의 분자 생물학자 잭 하이네만(Jack Heinemann)은 1989년, 『네이처』지에 대장균과 효모 간에 유전자의 교류가 이루어진 데 대하여 발표하였다. 하이네만은 효모가 갖고 있는 플라스미드와 대장균 플라스미드를 합체시켜, 인공 합성 플라스미드를 만들었다. 이 합성 플라스미드를 대장균에서 효모로 전달하는 데 성공한 것이다. 이 같은 유전자의 교류가 자연계에서도 일어날 가능성은 부정할 수 없다.

실제로 식물에 종양을 만드는
아그로박테리움(Agrobacterium)
이라는 세균과 그 숙주인 식물
사이에서도 유전자 교류가 이루
어지는 것이 알려져 있다. 이러
한 유전자 교류에 대해서는 아
직 불확실한 점도 적지 않다. 그
러나 만약 자연계에서 유전자 교
류가 가장 많이 발견된다면 같은

그림 3-19 | 뱀눈나비

종에 속하는 생물끼리의 종내 경쟁뿐만 아니라, 상이한 종간의 생존 경
쟁인 종간 경쟁에 대해서도 다시 생각할 필요가 있을 것이다.

'생존 경쟁'은 죽은 말이 되는가?

자연계에는 생존 능력하고는 전혀 관계없는 경쟁이 있다.

뱀눈나비의 세력권에 대해 재미있는 사실이 알려져 있다. '이 나비
의 수컷은 숲속의 볕이 잘 드는 장소를 세력권으로 하고 있다. 볕이 잘
쬐면 암컷 나비와 만날 가능성이 높기 때문이다. 어쩌다가 세력권에 다
른 수컷이 침입하면, 이 수컷 나비는 침입 나비를 세력권에서 몰아낸
다. 이때의 승자는 반드시 원래부터 세력권을 지키고 있던 수컷이다.
그런데 침입한 나비와 먼저 세력권에 있던 수컷을 바꿔 놓으면, 승자는
침입자인 새로운 수컷 나비가 된다. 그러므로 이 나비의 세력권 다툼의

승자는 어느 쪽이 먼저 세력권에 있었는가 하는 것으로 결정된다.'

이같이 자연계에는 생물의 능력과는 전혀 관계가 없는 경쟁이 있다. 또한 능력에 따라 경쟁의 승자가 결정될 때도 승자가 패자를 죽이는 일은 거의 없다.

동물 행동학이 발전함에 따라 동물은 경쟁만을 하고 있지 않다는 사실이 알려졌다. 일벌은 자손을 증식하는 일 없이 오로지 새끼를 돌본다. 아프리카에 서식하는 쥐의 일종은 무리에서 번식하여 자손을 남기는 것은 한 쌍의 암수뿐이다. 나머지 수컷과 암컷은 번식하지 않고 먹이를 운반하거나 둥지를 만들거나 적에 방위할 뿐이다.

분자 생물학이나 동물 행동학 같은 새로운 분야에서는 이른바 생사를 건 싸움이란 뜻으로의 생존 경쟁은 진화하고는 무관한 것으로 생각하게 되었다. 최근의 진화론에서는 생존 경쟁은 번식률의 차이라는 기준에서 조사되고 있다. 그중에는 생존 경쟁이란 말은 사용할 바 못 된다는 전문가들도 있다.

하여간 가까운 장래에 진화론에서 생존 경쟁이란 말이 사라질 수도 있을 것이다. 경쟁이나 투쟁보다는 협조나 협력이라는 기준에서 진화를 생각하는 시대가 목전에 와 있는 것 같은 생각이 든다.

4장
공룡에서
사람 유전자까지

종은 어떻게 절멸했는가? - 공룡 절멸의 새로운 설 **1**

왜 동시에 멸망했는가?

이제까지의 3장에서 현대 진화론의 쟁점은 대강 밝혀졌다. 분자 생물학의 발전으로 진화론이 새로운 격동기에 접어들었다는 사실을 잘 알게 되었다고 본다. 종래의 진화론을 3차원으로 한다면, 분자 생물학은 네 번째의 차원을 진화론에 도입하였다는 것이 된다.

이 장에서는 진화에 관계되는 최신 화제를 들어, 진화론을 보다 친근한 것이 되도록 하여 보자. 그러면 먼저 공룡 절멸의 화제부터 시작한다.

공룡이 인기 있는 비밀은 그 엄청난 크기와 함께 이미 전멸하여 지금은 한 마리도 존재하지 않는다는 데 있는 것이 아닐까.

예를 들어, 브라키오사우루스(Brachiosaurus)는 체중이 40톤 이상이고 몸길이도 20미터 이상이었다. 브라키오사우루스는 '팔이 긴 도마뱀'이란 뜻이다.

1909년부터 4년 동안 아프리카의 탄자니아에서 독일의 탐험대가 화석을 발굴하였다. 거기에서 브라키오사우루스의 거대한 화석이 모양을 갖춘 상태로 발굴되었다.

박물관에는 흔히 공룡의 완전한 골격 표본이 전시되어 있으나, 실

그림 4-1 | 브라키오사우루스

제로 발굴되는 뼈는 극히 일부이거나 단편에 불과하다. 단편이 몇 개만 발굴되면 그것을 그림 조각 맞추기식으로 끼워서 조립하게 된다. 일본에서도 공룡의 화석이 가끔 발굴되나 대개 뼈의 한쪽이었거나 그 부스러기였다.

발견된 브라키오사우루스는 골격이 복원되어 훌륭한 표본이 만들어졌다. 머리의 높이는 지상에서 약 13미터이고 체중은 80톤에 이르렀다. 이층집 지붕에 머리가 나올 정도의 높이고, 아프리카코끼리의 20배 무게이니 얼마나 큰가를 알 것이다.

브라키오사우루스는 거대하기는 했지만, 거칠거나 사납지 않은 초식성의 공룡이었다. 공룡으로는 이 브라키오사우루스가 최대였다고 하나, 더 큰 것도 있었을 것이다. 뼈 일부만 발굴되어 있으니 확실치는 않으나, 브라키오사우루스보다 훨씬 큰 울트라사우루스가 있었다고도 한다.

공룡이라 하여 전부 거대한 것은 아니다. 토끼 정도 크기의 공룡도 있었다. 공룡 중의 어떤 것만이 거대화하였을 뿐이다.

공룡은 이상하게도 현재 지구상에 존재하고 있지 않다. 약 6,500만 년 전까지 이 세상에 있었다는 것은 알려져 있으나, 그 이후는 돌연히 자취를 감추었다. 즉, 6,500만 년 이후의 지층부터는 공룡의 화석이 발견되지 않는다. 공룡은 육지뿐만 아니라 바다에도 있었는데, 이것도 절멸하였다.

종의 절멸은 현재 우리들이 살아 있는 동안의 사건으로서는 그렇게 자주 있는 일이 아니다. 그러나 종의 절멸이 드물다는 감각은 일종의 착각이다. 지구가 생겨난 것이 45억 년 전이고, 최초의 생명은 35억 년 전에 탄생하였다. 35억 년 동안 많은 신종 생물이 모습을 드러내고 사라져 갔다. 일설에 의하면, 지구상에 나타난 모든 종의 99%가 절멸하였다고 여겨진다. 오늘날, 지구상에서 살고 있는 생물은 사람을 포함하여 행운의 1%에 불과하다는 것이다.

신종의 탄생이나 종의 절멸은 몇십만 년, 몇백만 년이란 지질학적 시간 내의 사건이어서 한 사람이 살면서 경험하는 시간은 종의 변화를 목격하기에는 너무나 짧아서 감지할 수 없을 뿐이다.

그림 4-2 | 암모나이트는 공룡과 함께 백악기에 절멸하기까지
3억 년 이상이나 바닷속에서 살아온 생물이다.

몇백만 년이란 시간의 규모로 생물을 보면, 종의 절멸 같은 일은 흔히 있을 수 있는 일에 불과하며, 공룡도 이 운명을 더듬었을 뿐이다.

그렇지만 공룡의 절멸에는 커다란 수수께끼가 있다. 그것은 많았던 공룡이 어느 시점, 일시에 멸망해 버렸다는 것이다.

공룡이 살고 있었던 때는 중생대라고 불리며, 2억 4,200만 년부터 6,400만 년 전까지의 약 1억 8,000만 년 사이이다. 중생대는 오래된 순서대로 트라이아스기, 쥐라기, 백악기 세 시대로 구분된다. 공룡은 백악기의 종말에 돌연히 절멸한 것이다.

백악기의 말기에 절멸한 것은 공룡만이 아니라, 바다와 육지의 모든 동물과 식물이 자취를 감추었다. 암모나이트(Ammonites)는 화석으로 유명한데, 이것도 이 시기에 절멸하였다.

중생대는 '공룡의 시대', 다음 신생대는 '포유류의 시대'라고 불린다. 백악기 말기에 무슨 이유에서인지, 동물과 식물의 전 생물이 대량 절멸 되었고, 그 결과 파충류의 대표인 공룡을 포유류가 대체하게 되었다.

대량 절멸의 원인

많은 동식물이 동시에 절멸하는 것을 대량 절멸(대멸종)이라고 하는데, 이 대량 절멸은 생명의 탄생 이래 지구상에서 몇 번이나 생겼다는 것이 화석연구로 밝혀져 있다.

가장 오래된 대량 전멸은 선캄브리아시대 후기인 6억 5000만 년 전 에 일어났다. 이 시대는 동물은 해파리 같은 바다에 사는 척추가 없는 원생동물만이고, 식물도 해조류뿐이었다. 이 조류의 70%가 무슨 이유 인가에 의해 절멸하였다.

다음의 대량 절멸은 5억 년 전인 캄브리아기의 후기이다. 이때의 대 량 절멸로 잘 알려진 삼엽충(Trilobita) 대부분과 그 밖에 동물의 절반 이 상이 절멸하여 화석으로서 후세에 남게 되었다.

이밖에 3억 6,000만 년 전의 데본기 말 2억 4,800만 년 전의 페름 기 말에도 대량의 동물과 식물이 사멸하였다.

그림 4-3 | 큰도마뱀. 뇌의 무게는 체중의 약 30분의 1로, 사람의 경우인 44분의 1보다 크다.

가장 새로운 대량 절멸이 공룡에 최후를 고한 백악기 후기에 일어난 것이다.

예를 들어, 백악기 말의 북아메리카에는 70종 정도의 공룡류가 서식하고 있었으나, 그 이후의 암층 속에는 화석의 단편도 발견되지 않고 있다. 공룡만이 아니라 거북, 악어, 도마뱀 등 다른 비교적 소형 파충류의 몇 종류도 멸망해 버렸다.

공룡의 절멸은 특히 두드러져 있으므로 그것을 설명하려는 여러 가지 가설이 많다.

일반적으로 잘 알려진 설로는 공룡이 지나치게 거대하여 멸종하였

196

다는 말이 있다. 몸의 크기에 비해 뇌가 작으므로 지능이 낮고, 동작도 느렸다. 그러므로 환경 변화에 잘 적응할 수 없었을 것이고, 다른 육식 동물의 먹이도 되기 쉬웠다는 것이다.

분명히 파충류의 뇌 무게는 체중에 비해 포유류보다 일반적으로 작다. 악어의 뇌 무게는 체중의 약 1만분의 1인데, 사람은 44분의 1이다. 그러나 큰도마뱀은 30분의 1로서 사람보다 위이다. 이같이 현존하는 파충류에도 몸에 비해 뇌가 대단히 작은 것도 있으나, 반대로 큰 것도 있다. 그러므로 모든 공룡의 뇌가 작았다고는 단정할 수 없다. 티라노사우루스(Tyrannosaurus) 같은 육식성 공룡은 비교적 큰 뇌를 갖고 있었다.

그러나 뇌의 크기만으로 지능 수준을 논하는 것도 위험한 생각이다. 큰도마뱀 (Varanus)은 사람보다 현명하다고 할 수 없다. 악어는 작은 뇌인데도 불구하고 파충류의 몇 종류도 안 되는 자손으로 살아남았으며, 현재도 잘 생활하고 있다.

몸이 지나치게 크다고 불리해진다는 생각도 이상하다. 흰긴수염고래(Sibbaldus)는 한때 어떤 공룡보다 컸으나 그것 때문에 멸종한다는 조짐은 없다. 코끼리도 몸의 크기가 특히 생존에 불리하게 작용한다고는 볼 수 없다.

따라서 공룡이 지나치게 커서 멸종되었다는 설은 현재로서는 받아들여지고 있지 않다. 공룡이 지나치게 컸다, 뇌가 너무나 작았다는 생각은 부지불식간에 인간을 중심으로 한 기준에 의한 것이다. 인간만이 최고의 두뇌를 갖고 있고 알맞은 크기라면, 분명히 공룡은 그러한 기준에서 크게 이탈한 별난 동물이 되는 것이며, 그 때문에 멸망하였다는 설명은 설득력이 있어 보인다. 그러나 이 같은 소박한 인간 중심적 설명은 과학적일 수 없는 것이 많다.

이 밖에도 공룡의 절멸을 설명하려는 많은 가설이 출현하였다.

그런 설들은 크게 나누어 어떠한 환경의 변화에 원인을 두는 것과 공룡 자체에 변이가 생겼다는 두 가지이다.

환경 변화에 대해서는 참으로 많은 설이 있다. 예를 들면, 기후 변화, 대륙 이동, 화산 폭발, 태양 활동의 변화, 운석이나 혜성의 낙하 등 여러 가지가 있다.

이외에도 특수한 유행병, 호르몬 분비의 이상, 어떤 기생충의 감염 등 공룡 자체에 원인을 두는 설도 많다.

의외성이 있는 것으로는 동시대에 서식한 소형의 포유류에게 알이 먹혔기 때문이라는 설도 있다.

이상과 같이 많은 설명이 시도되었으나, 공룡의 절멸에 관해서는 우선 다음과 같은 두 가지 점에 대해서 잘 설명할 필요가 있다. 첫째는 절멸은 돌연히 생겼다는 것이다.

공룡은 백악기 말기에 전부가 돌연히 자취를 감추었다는 사실을 합리적으로 설명하여야 한다. 둘째로는 절멸은 공룡만이 아니고 다른 동물이나 식물에도 광범위하게 일어났다는 것이다.

그리고 말할 것도 없이 설명을 어떤 방법으로든지 과학적으로 입증하여야 한다.

소행성 충돌설

다양한 가설 중에서 특히 유력시되는 것이 소행성(小惑性) 충돌설이다. 이야기는 1977년의 알바레즈 부자에 의한 별것 아닌 발견에서 시작된다. 그들은 아들인 월터 알바레즈가 이탈리아에서 갖고 온 점토를 분석하였다. 그 점토는 지질학적으로 보아 바로 백악기와 다음 제3기 사이에 있으며, 두께 1~2센티의 층에서 채취한 것이었다.

월터 알바레즈(Walter Alvarez)는 지질학자로서, 고지자기학을 전공한다. 지구는 큰 자석 같은 것이며, 이것을 지자기(地磁氣)라고 한다. 지자기는 현재는 북극이 S극이고, 남극이 N극이지만, 과거에 몇 번이나 역전되었다는 사실이 알려져 있다.

지자기의 역전은 지구환경에 커다란 영향을 미친다. 공룡의 절멸도 역시 지자극의 역전에 의한 것일지도 모른다. 알바레즈가 점토를 미국으로 갖고 간 것은 이러한 지자기 변화의 영향과 흔적을 조사하기 위해서였다. 부친인 루이스 W. 알바레즈는 노벨상을 수상한 물리학자이며, 그 아들이 갖고 온 점토에 흥미를 나타낸 것이다.

점토를 분석한 결과는 의외였다. 이리듐(Iridium)이라는 원소가 이상하게도 다량 함유된 것이다. 이리듐은 백금(Platinum)과 같은 부류이다.

이 결과를 확인하기 위해 월터 알바레즈는 재차 이탈리아로 가서 점토층의 전후에 있는 바위도 자료로 채취하였다. 이리듐의 양을 정밀 측정한 결과, 점토층에 가까워질수록 이리듐은 약간씩 증가하고 점토층에서는 그 전후의 30배나 되었다.

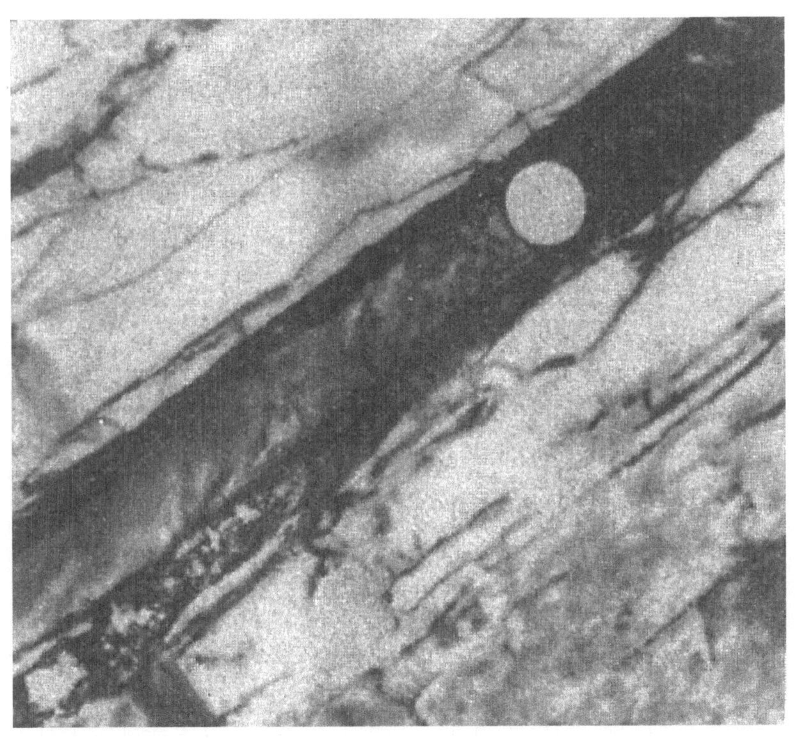

그림 4-4 | 알바레즈가 대발견한 이탈리아의 점토층. 원형은 동전이며 크기를 비교한다.

즉, 공룡이 대량으로 절멸한 시기에 이리듐의 이상 증가가 일어난 것이다. 알바레즈 부자는 이 이리듐의 증가는 소행성에 의한 것으로 결론지었다.

그들은 이 운석은 직경 10킬로미터 정도의 대형 소행성으로, 시속 10만 킬로미터의 속도로 지구에 충돌한 것으로 추정한다.

점토에 함유된 이리듐은 이 소행성에 포함돼 있던 것으로, 충돌 때문에 그것이 지표에 흩어졌다.

우주에서 지구에 도달하는 물체는 혜성이나 초신성(超新星)의 폭발 때 생긴 조각 등도 있으나 공룡을 멸망시킨 것은 소행성이었다고 생각되고 있다. 최근의 천문학 연구에 의하면, 직경 10킬로미터 정도의 소행성은 평균 1억 년에 한 번 정도로 지구에 충돌한다고 한다.

소행성의 충돌은 지구 규모의 충격파를 일으켜, 그것이 지표의 식물을 쓰러뜨린다. 식물이 큰 타격을 받아 줄어들면 초식성 동물이 굶주려 죽게 된다. 이어서, 초식성 동물을 먹이로 하는 육식성 동물도 먹을 것이 없어져 버린다. 이러한 관계를 먹이사슬이라 하는데, 소행성의 충돌로 지구상 생물의 먹이사슬이 절단되게 된다.

알바레즈 등의 생각으로는 소행성의 충격파가 아니라 소행성의 충격으로 하늘로 치솟아 오른 먼지 같은 것이 태양 광선을 차단하여 그 결과로 식물이 고사하였다고 한다. 이러한 예는 큰 화산폭발이 생겼을 때 분출한 분연에 의해 실제로 생기고 있다.

만일 핵전쟁이 일어나면 핵폭발로 인하여 지표의 먼지나 화재 시의 연기가 대기권에 확산하여 일광을 차단한다. 하늘은 낮에도 어둡고 기온은 떨어져, 이른바 '핵겨울'이 온다. 생물에게 있어 직접적인 방사능이나 폭풍보다는 장기간에 걸친 '핵겨울'이 치명적이다.

공룡은 '소행성의 겨울' 때문에 전멸하였다는 것이 알바레즈의 설이다. 태양이 차단되면 바닷속의 식물성 플랑크톤이 죽는다. 이어서 그

플랑크톤을 먹이로 하는 동물이 굶게 된다.

온도 저하도 생물에 손상을 입힐 것이다.

알바레즈의 소행성 충돌설은 이같이 육상의 생물뿐만 아니라 수중 생물의 절멸도 설명할 수 있다. 공룡은 파충류이므로 포유류같이 체온을 일정하게 유지할 수 없다. 그러므로 공룡은 온도 저하에 약하다. 온도가 저하하면 동작이 둔해져서 뜻대로 움직일 수 없어진다. 먹이가 없어짐과 동시에, 먹이를 찾아 다른 장소로 이동하는 것도 어려워졌을 것이다.

이러한 2중의 위기가 육상과 바닷속의 공룡에 내려 덮이니, 결국은 공룡은 사멸하였을 것이다.

그래도 수수께끼는 남는다

알바레즈가 제창한 '소행성 충돌설'은 공룡의 돌연한 전멸을 참으로 멋지게 설명하고, 이리듐이란 물적 증거도 갖추고 있다.

그러나 6,500만 년 전에 소행성이 지구에 충돌하였다는 것은 확실할지언정, 그것만으로 공룡의 절멸이 설명될 수 있을까.

화석을 보면, 많은 공룡이 백악기 말까지는 서서히 멸망하고 있다. 육식과 흉포함으로 유명한 티라노사우루스와, 코뿔소를 확대한 것 같고 모양은 무섭게 보이나 실은 초식성인 트리케라톱스(Triceratops) 등은 백악기 말에 돌연히 사라진 것이 아니라, 그 이전까지 서서히 멸망하였다.

그림 4-5 | 초식공룡 트리케라톱스

그러므로 공룡은 백악기 말에 소행성의 충돌로 돌연히 전원 절멸한 것이 아니라, 다른 이유로 서서히 멸망의 길을 더듬어 간 것이 소행성으로 최후를 맞이하였다고 보는 것이 옳을 것이다.

그러면 그 소행성 이외의 이유란 무엇일까. 해류나 기후의 변화 등을 생각할 수 있는데, 아직 결정적인 설은 없다.

공룡을 둘러싼 새로운 견해로서, 일부의 공룡은 온혈(溫血) 동물이었다는 설도 등장하고 있다.

조류나 포유류는 스스로 체온을 일정하게 유지하므로 온혈이지만, 파충류나 어류는 주위의 온도에 의해 체온이 변하는 냉혈 동물에 속한다. 냉혈 동물은 야간이나 겨울 또는 기온이 저하하는 시기에는 활동하지 않는다. 이에 반하여 온혈 동물은 야간에도 활동할 수 있으며, 활동도 일반적으로 냉혈 동물보다 활발하다.

화석만으로는 냉혈인지 온혈인지 판단은 어려우나, 공룡 중에서도 육식으로 행동이 활발한, 예를 들어 데이노니쿠스(Deinonychus)는 온혈이었다는 설을 미국 존 오스트롬이 제창하고 있다. 만일 이것이 사실이라면 공룡을 모두 파충류로 다루는 분류도 다시 생각하여야 한다. 공룡에 관해서는 아직도 많은 수수께끼와 낭만이 숨겨져 있다.

다윈은 『종의 기원』에서 이렇게 말하고 있다. "우리는 어떤 종이 절멸하는 것을 보고 놀랄 필요는 없다. 오히려 놀라운 것은, 각 종의 존재를 좌우하는 수많은 복잡한 사건들을 우리가 잠시라도 이해하고 있다고 생각하는 그 가정 자체일 것이다."

그 후 130년이 지났는데 상황은 조금이라도 달라져 있는 것일까?

라마피테쿠스는 사람의 선조가 아니었다

아주 최근까지, 인류의 기원에 관한 과학적인 유일의 증언자는 화석이었다. 또한 일본인의 기원에 관해서도 인류학, 언어학, 고고학 등의 간접적인 증거를 근거로 하여 논쟁이 이루어졌다.

그러나 분자 생물학의 급속한 진보에 따라 바야흐로 유전자의 해석이 인류 진화나 일본인의 기원을 구명하는 주역이 되었다.

유전자에는, 몇 억 년이란 아득하게 긴 진화 과정에서 생긴 허다한 돌연변이가 축적되어 있다. 이제까지는 돌연변이의 유무를 알아내는 방법이 없었으나, 염기 배열을 결정할 수 있게 되어, 실험실에서 직접 조사할 수 있게 되었다.

화석 연구로, 공통의 조상에서 갈라진 연대가 이미 알려진 생물의 유전자를 비교하면, 오랜 시대에 갈라진 생물일수록 상이한 염기(鹽基) 수가 많다.

염기 변화는 일정한 속도로 생긴다는 사실이 알려져 있으므로, 상이한 염기를 조사해 보면 여러 생물이 분기한 연대를 추정할 수 있다. 이 것을 '분자시계'라고 한다.

미국 캘리포니아 대학의 빈센트 사리치(Vincent M. Sarich)와, 앨런

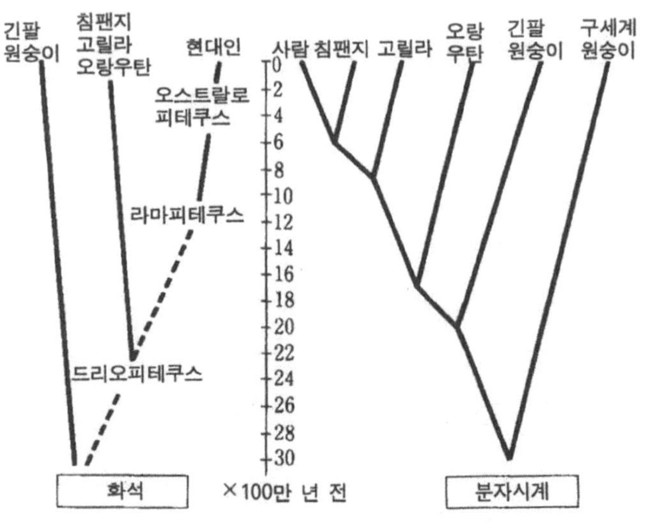

그림 4-6 | 사람과 유인원의 계통수.
왼쪽은 화석자료에 근거하고, 오른쪽은 분자시계에 근거한 것.

윌슨(Allan C. Wilson)의 두 분자 생물학자가 분자시계를 사용하여 영장류의 진화를 연구하였다. 분자시계에 의하면 사람, 침팬지, 고릴라는 600만~900만 년 전에 갈라졌다.

이 결과는 사람의 조상은 약 100만 년 전의 라마피테쿠스(Rama-pithecus)이고 침팬지, 고릴라, 오랑우탄 등의 유인원하고는 2,000~3,000만 년 전에 갈라졌다는 종래의 설과는 큰 차이가 있다. 그러므로 인류의 기원에 관해서 고생물학자와 분자 생물학자 간에 큰 논쟁이 생겼다.

논쟁의 결과, 양자 간에 서로 다른 원인은 라마피테쿠스가 진화된 시기에 있었다는 것이 알려졌다. 그전까지는 라마피테쿠스는 치아의 일부만 발견되었으나, 턱과 두개골의 완전한 화석이 발견되자 라마피테쿠스가 사람에게 직접적인 조상이었다고 보는 종래의 가설에 큰 의문이 생겼다. 새로 발견된 화석은 라마피테쿠스가 사람이 아니고 오랑우탄의 조상이란 것을 보여 준 것이다. 그리고 이 사실은 분자시계의 결과와 일치하였다. 고생물학자와 분자 생물학자 간의 논쟁은 분자 생물학자의 승리로 끝났다.

인류는 호모 사피엔스(Homo sapiens)라는 종에 속한다. 호모 사피엔스는 약 130의 인종으로 분류되고 있으나 크게는 백색 인종인 코카소이드, 황색 인종인 몽골로이드, 흑생 인종인 니그로이드의 3대 인종으로 분류된다. 본문에 사용된 '코카소이드', '몽골로이드', '니그로이드' 등의 인종 분류 용어는 책이 집필되던 당시에 일반적으로 쓰이던 표현이다. 현재는 이러한 용어들이 과학적으로 타당하지 않고, 오해의 소지가 있어 학계에서는 사용을 지양하고 있다. 오늘날에는 '유럽계', '동아시아계', '아프리카계' 등 지역 기반의 표현이 보다 일반적으로 사용되고 있다.

인류의 기원에 대해서는 다지역(多地域) 진화설과 단일 기원설이라는 2개의 서로 다른 생각이 있다.

최근의 연구에 의하면 어쩐지 단일 기원설이 유리한 것 같다. 단일 기원설이란 인류가 지구의 어떤 하나의 장소에서 호모 에렉투스(Homo

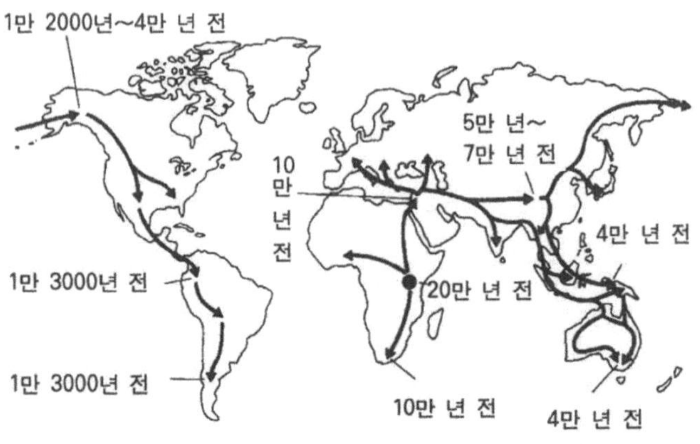

그림 4-7 | 인류 이동의 경로. 이것은 화석과 고고학적 자료, 유전 학적 자료에 기초한 것이다.

erectus) 지역으로 이동하여 많은 인종이 생겼다는 생각이다. 부언하면, 호모 사피엔스는 지혜로운 사람, 또한 호모 에렉투스는 직립한 사람이란 뜻이다.

그런데 단일 기원설이 유리한 이유는, 우선 호모 사피엔스의 화석이 아프리카에서만 발견된다는 것이다. 네안데르탈인, 베이징(北京)원인, 자바원인 등의 원인(原人) 화석은 유럽이나 아시아에서 발견된다.

최근에는 약 13만 년 전에 유럽에 있었던 네안데르탈인은 호모 사피엔스의 직접 조상이 아니며 약 3만 5,000년 전에 전멸한 것으로 보고 있다. 마찬가지로, 아시아에 있었던 베이징원인이나 자바원인도 약 30만 년 전에 절멸하였다고 보고 있다. 즉 현재 살고 있는 인류는 아프리카가 발상지인 것 같다.

텍사스 대학의 마사토시 네이(根井正利)는 코카소이드, 몽골로이드, 니그로이드의 3대 인종 중 코카소이드와 몽골로이드는 약 6만 년 전에 갈라졌다고 보고 있다. 유전자의 차이에서 알 수 있는 코카소이드나 몽골로이드가 니그로이드에서 갈라진 시기는 호모 사피엔스가 아프리카에서 유라시아 대륙으로 이동한 시기와 일치한다. 3대 인종 간의 유전자 차이가 별로 없다는 사실로 보아도 단일 기원설 쪽이 옳을 것이다.

일본인의 유전적 이중구조

인류의 기원이 분자 유전학의 진보와 함께 다시 기록되고 있는 것과 같이, 일본인의 기원에 대해서도 많은 새로운 사실이 밝혀지고 있다.

일본인의 조상은 몽골로이드 인종에 속한다. 몽골로이드는 다시 고(古)몽골로이드와 신(新)몽골로이드로 나눌 수 있다. 고몽골로이드는 약 3만 년 전, 남아시아를 중심으로 나타났다. 한편, 신몽골로이드는 약 1만 8,000년 전의 빙하기 동안 등장한 것으로 추정된다.

고몽골로이드는 등이 높고 손발이 길어, 체열이 쉽게 발산되어 추위에 약한 반면, 신몽골로이드는 손발이 짧고 등이 낮아 열 보존에 유리하여 추위에 강하다.

그렇다면 일본 열도의 선주민인 조몬인(繩文人)은 고몽골로이드였을까, 신몽골로이드였을까? 또 일본인의 조상은 남방에서 건너온 것일까, 아니면 북방으로부터 이주해 온 것일까?

일본인의 기원에 대해서는 일찍부터 남방설과 북방설이 있어, 고고학자나 인류학자 간에 오랫동안의 논쟁이 반복되었다.

그런데 1989년에 분자 생물학의 입장에서 일본인의 기원에 대해 아주 새로운 사실이 발견됨으로써 겨우 해답을 얻은 것 같다.

일본 국립유전학연구소의 호오라이는 우라와에서 출토한 약 6,000년 전의 것으로 여겨지는 조몬인 뼈의 미토콘드리아 유전자의 염기 배열을 결정하였다. 그 결과, 놀랍게도 조몬인의 미토콘드리아 유전자의 염기 배열은 일본인이 아니고 동남아시아인의 유전자와 일치하였다. 일본인의 조상이었을 조몬인의 유전자가 어떻게 동남아시아인의 유전자와 같을 수 있었을까.

일본인은 단일 민족이라고 한다. 그러나 유전학적으로는 어딘지 동일 인종은 아닌 것 같다. 일찍이 지볼트(P. F. Siebold)가 『일본』에 기술한 바와 같이, 북쪽의 아이누와 남쪽의 오키나와현 사람은 매우 닮았다. 그 이유는 아이누와 오키나와현의 사람은 지금도 고몽골로이드의 영향이 많이 남아 있기 때문이다. 한편 대부분의 일본인은 신몽골로이드의 영향을 많이 가졌다고 한다.

ATL 바이러스의 분포는 말한다

어쨌든 일본인은 유전학적으로는 분명히 이중구조이다. 일본인이 고몽골로이드와 신몽골로이드의 혼혈로 탄생하였다는 것을 증명하는 많은 사실이 있다.

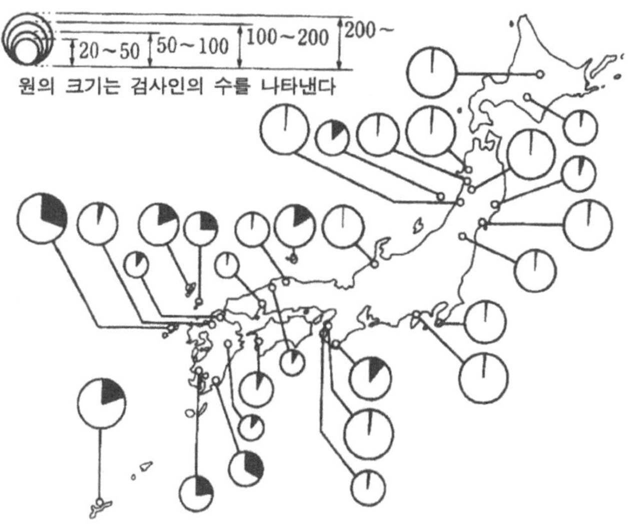

그림 4-8 | ATL 바이러스 감염 경험자의 일본 내 분포도.
일본 열도를 둘러싼 것같이 분포하고 있다.

ATL(성인 T세포 백혈병)이라고 불리는 질병이 있다. ATL은 ATL 바이러스에 의해 발병한다. ATL 바이러스는 1981년에 일본 히누마가 발견한 암 바이러스이며, 에이즈 바이러스(HIV)와 매우 유사한 레트로바이러스의 부류이다.

ATL 바이러스는 사람에게 감염되어 백혈구의 유전자에 유입한다. ATL 바이러스에 감염되면 몇십 년이나 후에 발병하는 경우가 있으나, 실제로는 감염자의 0.05% 즉, 2,000명에 한 사람밖에 발병하지 않는다. 오직 ATL 바이러스를 보유하였다는 많은 감염 경험자만 있게 된다. 이 ATL 바이러스 감염 경험자의 분포가 일본인 조상의 수수께끼를 푸는 중요한 관건이 된 것이다.

현재로서 일본 전국에 ATL 바이러스 감염 경험자는 약 100만 명이 있다고 추정된다. ATL 바이러스 감염 경험자의 분포를 보면 두 가지 특징이 있다.

첫째로, 감염 경험자가 홋카이도, 규슈, 오키나와현 등에 집중하고, 혼슈 중심부에는 적다는 사실이다.

ATL 바이러스 감염 경험자의 분포로서도 아이누와 오키나와현의 사람은 공통된 조상을 가졌을 가능성이 매우 높은 것 같다. 다음은 감염 경험자가 나가사키의 고시마, 이키, 쓰시마를 비롯해 시코쿠의 우와지마, 시마네현의 오키 제도, 기이반도 남단, 도호쿠 지방의 오지카반도와 산리쿠 해안 등 벽도와 해안 지역에 많이 분포해 있다.

조몬 시대에는 육지가 이어졌던 대륙에서 일본 열도로 도래한 고몽골로이드의 조몬인이 선주민으로 널리 분포하고 있었다. 조몬인은 ATL 바이러스의 감염 경험자였다고 보인다. 그러나 야요이(彌生) 시대에 이르면 중국 대륙에서 한반도를 거쳐 ATL 바이러스의 감염 경험자가 아닌 신몽골로이드가 일본에 도래하였다. 야요이인이라고도 불리는 신몽골로이드는 우수한 기술과 문화를 가졌으며, 급속도로 그 세력을 일본 열도에 확대하였다.

얼마 안 있어 조몬인과 야요이인의 혼혈이 이루어져 현대의 일본인이 되었다. 혼혈이 진행되면서 ATL 바이러스 감염 경험자는 점차 줄어들었다. 그러나 벽지는 혼혈의 기회가 적었으므로 ATL 바이러스 감염 경험자는 남았을 것이다. 그러므로 선주민이었던 조몬인은 오키나와현, 홋카이도, 도호쿠 등 교류가 적은 지역에 남게 되었을 것이다.

조몬인의 유전자가 동남아시아인에 가까운 이유

이러한 사실을 뒷받침하는 근거는 이 외에도 여러 가지가 있다. 우선 첫째로, 귀지의 유전적 특성을 들 수 있다. 귀지는 건성형과 습윤형으로 나뉘며, 이는 유전되는 것으로 알려져 있다.

일본인의 귀지를 조사하면, 건성형과 습윤형의 비율이 지역에 따라

	조몬인	야요이인
신장	낮다	높다
(위에서 본) 머리길이	길다	짧다
코	높지는 않다	높다
얼굴	짧다	길다
체모	짙다	옅다
액취	있다	없다
귀지형	건성형으로 출현 빈도가 낮다	건성형으로 출현 빈도가 높다
ABO혈액형	B형의 빈도가 높다	A형의 빈도가 높다

표 7 | 조몬인과 야요이인의 비교 (I)

크게 차이가 있다.

혼슈에서는 약 80%가 건성형인 데 비해 오키나와나 아이누 쪽 인간은 40~60%로 건성형이 적어진다. 건성형은 유럽에는 거의 없으나 중국의 북부, 한국, 아메리칸 인디언에는 많다. 이러한 사실은 신몽골로이드(야요이인)를 건성형으로 본다면 설명이 될 수 있다.

둘째로, B형 간염 바이러스의 감염 경험자의 분포이다. B형 간염 바이러스에는 ayw, adr, adw, ayr의 네 가지 아형(subtype)이 있다. a는 모든 B형 간염 바이러스에서 공통이며, 아형은 d, y, w, r의 네 가지 특이적인 항원의 조합으로 구분된다. 몽골로이드는 기후가 온난한 지방에서 볼 수 있는 adr와 남방에 널리 분포하고 있는 해양형인 adw이다.

일본에는 오키나와, 아쓰미오시마, 도호쿠, 홋카이도에 adw의 감염

	조몬인	야요이인
HB항원형	adw의 빈도가 높다	adr형의 빈도가 높다
지문형	제문(歸紋)형의 빈도가 높다	와상문(渦狀紋)
Rh혈액형		
cdE 유전자	빈도가 높다	거의 없다
뼈	굵고 단면이 둥글다	단면이 편평하다
손발	무릎과 팔꿈치에서 앞쪽이 길다	무릎과 팔꿈치에서 위쪽이 길다
광대뼈	벋어 있다	낮다
근육	굵다	가늘다

표 8 | 조몬인과 야요이인의 비교 (Ⅱ)

214

경험자가 많다. 아시아에서는 중국, 네팔, 태국 등에 adr가 많고 타이완, 필리핀, 자바에는 adw가 널리 분포하고 있다. 야요이 시대에 중국에서 adr를 갖고 있는 사람이 도래하여 adw를 갖는 선주민족인 조몬인을 쫓아내면서 혼혈하였을 것이다.

동남아시아인이 조몬인과 동일한 고몽골로이드라고 본다면, 조몬인의 유전자가 일본인보다는 동남아시아인에 가까운 것은 당연한 일일 수도 있다.

세계적인 유전학자였던 기하라(木原均)는 "지구의 역사는 지층에, 생물의 역사는 유전자에 적혀 있다."라고 하였다. 인류의 기원이나 일본인 기원의 수수께끼도 언젠가 진실은 우리들 자신의 유전자가 밝혀 줄 것이다.

암과 인종을 잇는 실

현재 일본인의 주요 사망 원인 1위는 암이다. 암의 원인에 대해서는 오래전부터 다양한 설이 제기되어 왔다. 그중 하나가 바로 바이러스설이다. 암이 바이러스에 의해 발병한다는 사실이 과학적으로 인정되기까지는 매우 오랜 시간이 걸렸다.

1911년, 닭의 암을 일으키는 닭육종(肉腫) 바이러스를 발견한 P. 라우스(P. Rous)가 노벨상을 받은 것은 1966년의 일이었다. 그 사이에는 무려 반세기에 가까운 시간이 흘렀다. 현재로서는 많은 동물의 암이 바이러스에 의해 유발된다는 것이 널리 인정되어 계속 암 바이러스가 발견되고 있다. 더욱이 동물만이 아니라 사람의 암 바이러스도 발견되고 있다. 사람의 암 바이러스를 세계에서 최초로 발견한 사람은 앞에서도 언급한 바와 같이 일본의 히누마이다.

분명하게 증명된 사람의 암 바이러스는 4종류가 있다. 간장암을 발병시키는 B형 간염 바이러스, 성인 T세포 백혈병의 원인인 ATL 바이러스, 버킷림프종이라는 악성 림프종의 원인인 EB 바이러스, 자궁경부암을 일으키는 사람 파필로마 바이러스이다.

이러한 암 바이러스의 연구로 진화에도 새로운 국면이 펼쳐지게 되었다. 그중의 하나가 ATL 바이러스 감염 경험자의 분포에 따른 일본인 기원의 해명이다. 상세한 내용은 바로 앞에서 설명하였으므로, 여기에서는 EB 바이러스와 남방중국인의 기원과의 관계를 알아보자.

EB 바이러스는 인종에 따라 다른 질병의 원인이 된다는 특이한 바이러스이다. 아프리카에서는 악성 버킷림프종의 원인이 되나, 중국에서는 상인두암의 원인으로도 된다. 그 밖의 인종에서는 전염성 단핵증이란 양성종양의 원인이 될 정도이다. 일본인은 EB 바이러스에 감염되어도 아무렇지 않다.

상인두암은 한때 홍콩암이나 광둥종양으로 불렸던 바와 같이 남쪽 중국인에게 흔하다는 것이 일찍부터 알려졌다. 암의 발생률이 인종이나 민족에 따라 다른 것은 별로 새로운 사실이 아니다. 일본인 중에는 위암이 많고, 미국인 중에는 대장암이 많다. 이러한 인종 간의 암의 차이는, 대부분 경우는 습관이나 식생활 등과 같은 환경의 차이에 의한다. 인종에 따른 암의 차이가 환경의 차이인가, 유전적인 차이인가를 알려면 외국으로 이주한 이민을 비교하면 된다. 상인두암에 대해서 조사하니, 미국이나 일본에 이주한 화교 중의 발생률은 남쪽 중국인과 동일하게 높았다.

그리고 상인두암은 가족이 함께 생기는 경우가 흔하다. 남방중국인이 다른 민족과 결혼하면 암 발생률이 낮아진다. 이러한 사실에서 상인두암과 남방중국인 간에는 눈에 보이지 않는 실이 있는 것 같다. 사실은 이 비밀의 실을 푸는 열쇠가 있다. 그것이 EB 바이러스이다.

그림 4-9 | 아름다운 홍콩. 여기 사람들에게서 특징적으로 볼 수 있는 홍콩암은 EB 바이러스와 남몽골로이드와의 관계를 여실히 보여 주고 있다.

아시아 대륙의 동쪽에 살고 있는 인종은 북몽골로이드, 중앙몽골로이드, 남몽골로이드의 3종으로 분류된다. 이 3개의 부류는 언어학적으로 악센트, 음절, 문법의 차이가 있다. 북방중국인의 기원은 중앙 몽골로이드이고, 남방 몽골로이드의 조상은 남몽골로이드로 보고 있다.

그런데 기원 4, 5세기경에 북몽골로이드가 중국의 북방을 침입하여 북방 민족이 남으로 이동하였다. 그 결과 현재의 중국인은 북몽골로이드와 중앙몽골로이드가 혼혈해서 형성된 북방중국인과, 남몽골로이드와 중앙몽골로이드의 피를 이어받은 남방중국인으로 구분된다.

중국 대륙의 동남연안에는 푸젠성의 남쪽에 남인, 장시성의 남쪽에서 광둥 성의 동쪽에 걸쳐 객가인, 광둥성에 광둥인이 살고 있다. 언어학적으로는, 광둥인이 가장 남몽골로이드계에 가깝다고 하는데, 이것을 EB 바이러스가 분명하게 입증하고 있다.

싱가포르의 화교 중에는 남인, 객가인, 광둥인이 많다. 상인두암의 발생률은 광둥인이 대체로 남인과 객가인의 2배 정도 암에 걸리기 쉽다. 이러한 사실은 광둥인이 가장 남몽골로이드계에 가깝다는 언어학에 의한 분류와 일치한다.

암유전자는 증식에 필요한 유전자였다

바이러스는 암뿐만 아니라 다양한 전염병의 원인이 된다. 노벨상 수상자인 면역학자 피터 메다워(Peter Medawar)는 "바이러스는 단백질에 싸인 나쁜 뉴스를 전한다."라고 말한다. 이 말은 바이러스에 관해 대단히 잘 표현하고 있다.

바이러스 감염은 나쁜 뉴스를 갖고 있는 바이러스 유전자를 생물 사이에 퍼지게 한다. 천연두나 에이즈는 바이러스에 의해 생기는 질병이다. 메다워가 말한 바와 같이 바이러스는 이러한 질병의 원인이 되는 유전자를 운반하는 것이다.

1969년에는 암 바이러스에서 암유전자가 발견되었다. 암 바이러스는 암을 일으키는 유전자를 갖고 있다. 암 바이러스에 의해 운반된 암유전자가 숙주의 정상 세포를 암세포로 변화시킨다.

그런데 정상 세포에도 암 바이러스가 갖고 있는 유전자와 꼭같은 유전자가 있다는 놀라운 사실이 발견되었다.

이탈리아의 과학자 R. 레비몬탈치니는, 성장 인자의 발견으로 1988년도 노벨 의학상을 수상하였다. 실은 이 노벨상의 대상이었던 성장 인자에는 얼핏 보아 전혀 관계없는 암유전자와의 사이에 상상도 할 수 없었던 공통점이 있었다.

그것은 암유전자와 정상 세포의 성장 인자 유전자, 그리고 성장 인자의 리셉터(receptor, 성장 인자를 세포 내에 도입하는 구조)를 형성하는 유전자가 거의 같다는 것이다. 예를 들면, 닭 적아구병(赤芽球病)의 암유전자는 피부 상피 세포의 성장 인자 리셉터 유전자의 일부와 거의 같은 구조이다. 또 원숭이 육종 바이러스의 암유전자는 출혈할 때 혈액을 응고시키는 혈소판의 증식 인자 유전자와 매우 흡사하다. 더욱이 새의 골수구증 바이러스나 생쥐의 골육종 바이러스의 암유전자는 세포가 증식하는 리듬을 조절하는 데 중요한 역할을 하는 유전자라는 것도 알고 있다.

암유전자는 정상 세포가 증식할 때, 반드시 필요한 '성장 유전자', 혹은 '증식 유전자'였다. 암유전자가 효모와 같은 하등 생물에도 존재하는 것은 암유전자가 증식 유전자이기 때문이다. 암유전자는 생물이 증식하고 성장하는 데 없어서는 안 될 절대적인 유전자이다. 다시 말하면 생물에 있어서 암유전자는 생과 사를 지배하고 있는 유전자인지도 모른다.

이 20년 사이에 암 바이러스가 잇따라 발견되고, 암 바이러스가 갖고 있는 암유전자가 적출되었다. 이미 20종류 이상의 암유전자가 암 바이러스에서 밝혀졌다.

암 바이러스의 대부분은 레트로바이러스에 속한다. 레트로바이러스에 의해 암화되어, 암세포로 변한 유전자에는 레트로바이러스가 프로바이러스(Provirus)라고 불리는 상태로서 도입되어 있다.

그림 4-10 | 암유전자가 원래는 암 바이러스의 유전자가 아니라는 것을 발견한 J. 비숍. 1990년 노벨의학상을 수상.

1976년에는, 미국의 J. M. 비숍(J. M. Bishop)과 해럴드 E. 바무스(Harold E. Varmus)가 암유전자가 원래는 바이러스 유전자가 아니며 정상 세포에서 바이러스에 도입된 유전자라는 것을 발견하였다. 이 꿈같은 발견에 대하여, 1990년에 노벨 의학상이 수여되었다.

비숍에 의하면, 우선 처음에는 어떤 바이러스가 숙주의 정상 세포에 들어가 버린다. 그 바이러스가 증식할 때, 바이러스가 숙주의 유전자에 있는 증식 유전자(=암유전자)를 도입하여, 그대로 암유전자(=증식 유전자)를 운반한 것이 암 바이러스이다.

고양이와 비비의 기묘한 관계

우리들 주변에서 살고 있는 고양이는 약 1,500만 년 전에 분화한 고양 잇과에 속하는 동물이다. 사자나 표범 같은 맹수를 포함한 고양잇과의 근연관계를 유전자를 적출하여 비교하는 방법으로 조사한 결과 고양이 속(屬)의 유전자는 95%가 일치하였다.

이것에 반해 개와 고양이 간에는 겨우 20%밖에 일치하지 않는다. 진화상으로는 개보다 더욱 유연관계가 먼 비비(열대지방에 사는 성성이의 일종)나 원숭이 같은 영장류 간에는 서로의 유전자가 거의 일치하지 않을 것이다.

그런데 어떤 종류의 고양이 유전자와 비비의 유전자에 일치하는 부분이 있다는 것이 발견되었다. 잘 조사해 본 결과는 이 일치한 유전자는 정상 세포 내에 끌려 들어간 레트로바이러스였다.

지금부터 약 천만 년 전에 지중해 연안에 서식하던 고양이 자손의 유전자에 있던 레트로바이러스와, 비비가 갖고 있던 레트로바이러스의 유전자가 일치하였다. 고양이와 비비의 레트로바이러스는 원래 같은 바이러스였다.

그런데 재미있게도 이 레트로바이러스는 지중해 원산의 고양이에게서만 발견될 뿐이다. 이러한 사실은, 레트로바이러스는 원래는 고양이가 갖고 있지 않던 바이러스라는 것이 된다.

지금부터 약 천만 년 전에 지중해 연안의 고양이는 비비와 같은 지역에 서식하였다. 그 때의 고양이에게 비비의 레트로바이레스가 감염되어 고양이 사이에는 전염병이 크게 유행하였다. 이때 많은 고양이가 틀림없이 멸망했을 것이다. 그러나 지금까지 살아 있는 고양이 종류는 독성이 약한 비비의 레트로바이러스를 자신의 유전자에 갖고 있으므로 독성이 강한 바이러스에 대한 면역을 얻어 살아남았을 것이다. 살아남은 고양이는 비비의 레트로바이러스라는 자연의 백신을 이용하였다고 보아야 할 것이다.

물론 아득한 천만 년이나 되는 옛날의 일이므로 확실한 증거란 있을 리 없다. 그러나 이와 같이 추론할 수 있는 근거는 충분히 있다. 이 추론에 의하면, 고양이는 바이러스에 의한 자연의 유전자 조작으로 진화하여 자손을 남겼다고도 말할 수 있다.

레트로바이러스는 숙주의 유전자 속에 잠입할 수 있다. 숙주의 유전자에 잠입한 레트로바이러스는 프로바이러스라고 불린다. 프로바이러스로 된 레트로바이러스는 다시 숙주로부터 나올 수 있다. 이때 레트로바이러스는 숙주의 유전자 일부를 끄집어낼 수도 있다. 숙주의 유전자 일부를 끄집어낸 레트로바이러스가 감염되어 다른 생물의 유전자에 들어가면 전 숙주의 유전자를 다른 생물에 운반하는 놀라운 일이 생긴다. 레트로바이러스는 유전자의 수평 이동을 하는 셈이므로, 흡사 자연계의 유전자 조작 같다.

만일 레트로바이러스가 생식 세포의 유전자에 들어가면 레트로바이러스는 자손에게 전달된다. 레트로바이러스가 숙주의 유전자를 갖고 있는 상태에서 수평 이동으로 다른 생물의 생식 세포에 들어가면 레트로바이러스가 갖고 있는 유전자가 다른 생물의 자손에 전해질 가능성도 있다.

레트로바이러스가 숙주인 유전자에 들어가서 프로바이러스가 되면, 숙주인 유전자가 변하기도 한다. 프로바이러스에 의한 변화 대부분은 숙주인 생물에게 나쁜 영향을 미친다. 그러한 대표적인 영향이 암이고 에이즈이다.

그러나 레트로바이러스에 의한 유전자의 변화가 생물에게 유리하게 작용할 수도 있을 것이다. 지중해 연안의 고양이가 그 보기인 것 같다.

이제까지의 진화론에서는 바이러스는 거의 무시되어 왔다. 그러나 이제부터는 조연이었던 바이러스가 진화 무대의 주연자가 되고, 진화의 주연이 될 날도 멀지 않다고 여기는 것은 필자만의 생각이 아닐 것이다.

수은 내성균의 적응

줄어든 수은 내성균

인간의 피부로 침입하여 종기를 일으키거나, 장속에 들어가 식중독을 일으키는 세균이 포도구균이다. 페스트나 콜레라가 살인광이라면, 포도구균은 좀 건방지고 짓궂은 장난꾸러기 같은 병원균이라고 할 수 있다.

이 포도구균은 얼마 전까지는 페니실린을 사용하면 단번에 제거할 수 있었으나, 최근에는 이것이 반복되자 맷집이 단단해지듯 힘이 강해졌다. 포도구균의 대부분이 페니실린에 저항할 수 있는 내성균이 되었기 때문이다.

그런데 포도구균의 페니실린 내성균은 페니실린만 아니라 동시에 수은, 카드뮴, 비소 같은 중금속에 대해서도 저항성을 갖고 있어, 살아남을 수가 있다. 수은은 미나마타병, 카드뮴은 이타이이타이병, 비소는 만성 아비산 중독증의 원인이 되는 유독 물질이다. 이러한 질병은 어느 것이나 국가에서 따라서 공해병으로 지정되어 있다.

이 수은 카드뮴, 비소에 대한 저항성은 포도구균만의 전매특허가 아니다. 대장균은 물론 녹농균, 폐렴간균, 연쇄구균, 티푸스균, 적리균, 가스 괴저균, 그 밖에 땅이나 강, 바닷속 같은 자연계에서 살고 있는 각종 박테리아도 중금속에 대한 용감한 저항 전사들이다.

　1972년부터 15년에 걸쳐 병원에서 검출된 대장균, 폐렴간균, 황색 포도구균에 관해 수은에 대한 내성균의 출현 빈도를 조사한 자료가 있다(표 9). 이 조사에서 박테리아의 수은에 대한 내성 획득을 알 수 있다. 박테리아의 진화를 생각할 때, 수은 내성균의 출현은 박테리아가 어떻게 수은이 존재하는 환경에 적응하는가를 나타내는 절호의 모델이 될 것이다. 그 자료가 〈표 9〉이다.

　카드뮴과 비소에 대한 내성균은 조사를 시작한 1972년부터 1982년까지의 10년간, 어느 쪽이나 큰 변화가 없었다. 그것에 반해 수은에 대해서는 대장균이 57%에서 29%, 폐렴간균이 66%에서 32%, 황색 포도구균이 36%에서 10%로 1979년 이후의 수은 내성균이 그 이전의 6년

		출현 빈도(%)			
		황색 포도구균	대장균	녹농균	폐렴간균
Hg^{2+}	1972~1977[a]	36	57	75	66
	1979~1982[b]	10	29	69	32
Cd^2	1972~1977	95	93	97	98
	1979~1982	49	61	99	83
AsO_4^{3-}	1972~1977	49	61	99	83
	1979~1982	51	52	97	72

a) 분리균주수는 황색 포도구균 515주, 대장균 564주, 녹농균 787주, 폐렴간균 331주.
b) 분리균주수는 황색 포도구균 392주, 대장균 756주, 녹농균 573주, 폐렴간균 412주.

표 9 | 중금속 내성균 출현 빈도의 변화

간에 비교하여 3분의 1에서 2분의 1로 감소하였다.

조사한 병원에서는, 1977년경까지는 연간 평균 약 2kg의 승홍과 대략 4kg의 머큐로크롬을 사용하고 있었다. 승홍은 염화 제2 수은이란 화학명으로, 예로부터 소독약으로 이용되어 온 화학물질이다. 머큐로크롬은 일명 '빨간약'이다. 수은 공해는 현대의 큰 사회 문제였다. 병원에서는 1978년부터 수은제 사용을 금하였다. 승홍이나 머큐로크롬은 자취를 감추었다.

수은제가 사용되던 시기에는 수은 내성균의 수가 사용이 중지된 이후보다 더 많았다. 이 사실을 통해 수은을 소독제로 사용하지 않게 되면서 수은 내성균이 급격히 줄어들었다는 것을 알 수 있다.

다시 늘어난 내성균

이제까지의 많은 연구 덕에 항생 물질에 대한 내성균과 항생 물질의 사용량 사이에는 분명한 상관관계가 있음이 인정되었다. 수은에 대한 내성균의 변화는 병원 안에 있는 수은 내성균과 병원 수은제의 사용량 간에도 분명한 상관관계가 있음을 나타내고 있다.

즉, 약제 내성균이 항생 물질에 의해 증가하듯이 병원에서 수은 소독제로서 수은을 사용하는 것이 수은 내성균을 증가하게 하는 하나의 요인이 된다고 여겨진다.

그러나 한편으로는 수은에 의해 증가한 수은 내성균이 환경에서 수은이 소실됨과 동시에, 급속히 감소하게 된다는 사실을 고려하면, 수은 내성균의 출현은 단순한 외견상의 도태에 불과하다는 것을 알 수 있을 것이다.

진화라는 현상의 큰 요점의 하나는 진화가 뒤로 되돌아갈 수 없는 불가역적인 현상이라는 것이다. 인류의 인구가 50억 명을 초과하고, 아무리 많은 아이가 태어난다 해도 인류의 조상에 해당하는 원숭이가 태어나는 일은 절대로 있을 수 없다. 만일 수은 내성균이 진화로써 출현하였다면 수은이 환경에서 없어진 뒤에도 박테리아는 수은에 대한 내성을 잃는 일은 없었을 것이다.

이렇게 생각하면, 수은 내성균은 환경 변화에 일시적으로 적응하였다고는 해도 결코 진화한 박테리아는 아니다.

항생 물질이나 수은에 대한 내성균이 출현한 사실로서 다윈식 자연 도태가 입증되었다고 주장하는 학자도 일부 있다. 그러나 항생 물질과 수은은 박테리아가 적응할 때의 도태 요인은 되어도, 진화에서의 도태 요인이 될 수는 없다고 본다. 이상과 같은 예로만 보면, 어쩐지 적응과 진화는 별개 문제인 것 같다.

그렇다면 박테리아는 어떻게 해서 공해 원인이 되는 유독한 중금속의 강력한 펀치를 피하고 있는 것일까.

미나마타병의 원인으로 유명한 메틸수은을 예로 설명하자. 박테리아 입장에서는 어떤 방법으로라도 메틸수은의 독성을 없애지 않고서는 살아남을 수 없다. 메틸수은의 구조를 보면, 메탄과 수은이 결합된 것이다. 따라서 우선 이 두 물질을 나누어 놓으면 문제는 간단히 해결된다.

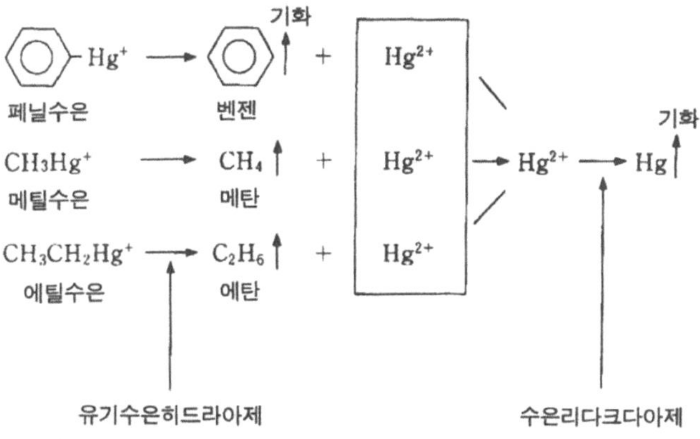

그림 4-11 | 유기 수은의 독성에 대한 박테리아의 두 가지 내성 메커니즘

박테리아는 메틸수은의 이러한 약점을 알고나 있듯이 메틸수은에 대한 내성균은 두 가지 무기를 갖고 있다. 하나는 메틸기($基$)와 수은을 유리시키는 유기 수은 히알루로니다아제(organomercury hyaluronidase)라는 효소이고, 또 하나는 무기수은을 금속 수은으로 환원시키는 수은 리덕타아제(mercury reductase)라는 효소이다.

수은 내성균에 관하여 실험한 소도무라는, 수은 내성균을 수은을 첨가한 액체 배지 안에 넣으면 수은이 배지에서 급속히 사라져 버린다는 사실을 발견하였다.

유기 수은 내성과 2가 수은 내성에 관한 반응을 나타낸 〈그림 4-11〉에서도 알 수 있듯이, 처음에는 유기 수은의 탄소와 수은 사이를 절단하는 효소, 즉 유기 수은 히알루로니다아제가 작용하여 무기의 2가 수은과 메탄으로 분해해 버린다.

메탄은 기체이므로 곧 공기 속으로 기화하고 2가 수은만이 남는다.

다음에 남은 2가 수은을 환원하여 금속 수은으로 변환하는 리덕타아제라는 효소가 등장한다. 수은은 이상한 물질이다. 금속인데도 상온에서는 액체이며, 그리고 기화하여 기체가 된다. 이같이 2가 수은에서 환원된 금속 수은은 기화하므로, 수은은 공기로 증발하고 박테리아 주변에서는 수은이 사라진다. 이러한 메커니즘에 의해 박테리아는 수은에 저항하고 있다.

사람과 박테리아에 공통된 유전자

수은 내성균의 유전자에 대해서는 분자 유전학 분야에서도 흥미로운 새 사실이 발견되었다. 진화 입장에서도 흥미로운 일이 많이 발생한다.

앞에서도 언급하였듯이, 유전학의 눈부신 진보에 따라, 트랜스포존(움직이는 유전자)이라는 새로운 유전적인 요소가 발견되었다. 트랜스포존(transposon)이란 플라스미드에서 염색체로 이동할 수 있는 작은 유전자를 말한다. 요컨대, 한 생물의 유전자에서 다른 생물의 유전자로 간단히 이동할 수 있는 유전자를 트랜스포존이라고 부른다.

수은에 대응하는 내성균에 대해서도 각종 박테리아가 가진 수은 내성 유전자의 대부분은 트랜스포존이라는 것이 밝혀졌다. 또한 녹농균의 수은 내성을 조정하고 있는 플라스미드에 존재하는 수은 내성 유전자가 트랜스포존이라는 사실도 발견되었다.

유전자는 염기 배열의 순서에 따라 유전 정보가 결정된다. 얼마 전까지만 하여도 이 염기 배열을 안다는 것은 불가능하였으므로 유전 정보는 바로 그 자체가 암호였다. 그런데 지금은 염기 배열을 조사하는 방법이 확립됨으로써 유전자의 암호가 잇따라 해독되어, 많은 흥미로운 새로운 사실이 발견되고 있다.

수은 내성 유전자도 예외는 아니다. 수은 내성 유전자의 염기 배열이 결정되고, 암호가 해독되고 나니 참으로 놀라운 사실을 알게 되었다.

수은 내성 유전자보다 먼저 이미 염기 배열이 결정된 유전자 중의 하나에 사람의 적혈구가 갖고 있는 글루타치온 환원 효소(glutathione reductase)라는 단백질을 생산하는 유전자가 있다. 사람의 적혈구 중 글루타치온 환원 효소를 만드는 유전자와 대장균이 가진 수은 환원 효소인 수은 리덕타아제를 생산하는 유전자의 염기 배열을 비교한 바 놀랍게도 글루타치온 환원 효소 생산 유전자와 수은 생산 유전자의 염기 배열은 매우 흡사하였다.

그러한 염기 배열로 결정되는 아미노산의 배열을 조사하여도, 수은 리덕타아제를 생산하는 유전자의 환원 효소 활성 부위의 44개 아미노산 배열 중, 16개는 사람의 글루타치온 환원 효소의 아미노산 배열과 동일하였다. 특히 수은 리덕타아제의 활성 부위 영역에서는 글루타치온 리덕타아제의 아미노산 배열과 완전하게 일치하고 있다.

또한 박테리아의 수은 리덕타아제는 사람의 글루타치온 리덕타아제

뿐만 아니라 효모나 동물의 글루타치온 리덕타아제와도 일치한다. 이같이 사람이나 효모의 글루타치온 리덕타아제와 박테리아의 수은 리덕타아제 간에서 볼 수 있는 극히 높은 아미노산 배열의 상동성은 사람의 글루타치온 환원 효소를 만드는 유전자와 박테리아의 수은 환원 효소를 만드는 유전자는 공통의 기원이란 것을 뜻한다고 본다.

여러 가지 생물이 공통으로 갖고 있는 사이토크롬과 헤모글로빈 등 같은 물질을 만드는 유전자가 유사한 것이 아니다. 글루타치온과 수은이라는 전혀 다른 물질을 환원하는 효소를 만드는 유전자의 염기 배열이 거의 유사한 것이다. 그것도 같은 종에 속하는 생물끼리라면 모르지만, 사람과 박테리아라는 전혀 유연 관계가 없는 생물끼리의 유전자가 말이다.

사람과 박테리아에 공통된 유전자가 어떻게 이 둘 사이에서 오갔는가 하는 문제는, 진화 관점에서 볼 때 매우 흥미롭다.

사람의 리덕타아제와의 상등성을 나타내는 수은 내성 유전자를 갖고 있는 것은 트랜스포존이나, 대장균이 갖고 있는 플라스미드에도 수은 내성 유전자가 존재한다. 녹농균에 있는 트랜스포존과 대장균에서 발견된 플라스미드의 수은 내성 유전자의 염기 배열을 비교하면, 2개의 수은 내성 유전자가 거의 같다는 사실이 밝혀졌다.

수은 내성 유전자 중에서도, 가장 중요한 역할을 하는 것이 수은 리덕타아제를 만드는 유전자이다. 그 수은 리덕타아제의 설계도인 유전자의 활성 부위는 플라스미드나 트랜스포존에서도 44개의 아미노산으로 되어 있으나, 그 모든 아미노산의 배열이 완전히 일치하고 있다.

Thr - Ile - Gly - Gly - Thr - Cys - Val - Asn - Val - Gly - Cys - Val -
수은환원효소

Lys - Leu - Gly - Gly - Thr - Cys - Val - Asn - Val - Gly - Cys - Val -
글루타치온환원효소

Thr - Leu - Gly - Gly - Val - Cys - Leu - Asn - Val - Gly - Cys - Ile -
리포아미드탈수소효소

그림 4-12 | 세균의 수은 리덕타아제, 사람 적혈구의 글루타치온 리덕타아제,
돼지의 리포아마이드 디히드로제나아제의 활성 부위 아미노산 배열.

이런 점에서 녹농균의 트랜스포존과 대장균 플라스미드의 수은 내성 유전자는 공통의 유전자에서 진화하였다고 볼 수 있다.

수은 내성 유전자 연구에서 진화와 관련해 알려진 사실을 요약하면 다음과 같다. 먼저, 수은 내성균의 출현을 진화로 보는 관점은 명백한 오해였음이 드러났다. 또한 수은 내성 유전자의 염기 배열 분석을 통해, 이 유전자의 기원이 많은 박테리아 사이에서 공통된다는 사실이 확인되었다. 아울러, 수은 환원 효소를 만드는 박테리아 유전자의 염기 배열이 인간의 글루타치온 환원 효소 유전자와 매우 유사하다는 점에서, 이 두 유전자가 공통된 기원을 가지고 있음이 밝혀졌다.

종을 초월한 공통의 유전자

모든 생물은 오직 1개의 수정란에서 출발하여 몇 번이고 반복 분열하여 완전한 개체를 형성한다. 이 수정란의 분열에는 규칙적인 질서가 있다. 이 조화의 메커니즘은 오랫동안 생물학의 큰 수수께끼 중의 하나였다. 그런데 최근에 이르러 여러 가지 생물에서, 이 비밀의 관건이라고 여겨지는 중요한 유전자가 발견되어 주목받기 시작하였다.

초파리는 머리에 더듬이가 있다. 그런데 이 더듬이 대신에 가슴의 두 번째 마디에 있어야 할 발이 머리에 생긴 돌연변이가 알려졌다. 이 초파리의 형질 변이는 체절(몸의 마디)의 특징을 결정하는 유전자에 생긴 돌연변이가 원인으로 여겨진다.

이같이 어떤 체절의 특징이 다른 체절의 성질로 변하는 현상을 '호모에오시스(homoeosis)' 또는 전좌 현상이라고 하며, 체절의 특징을 결정하는 유전자를 '호메오틱 유전자(homoeotic gene)'라 한다. 이 호메오틱 유전자가 속속 적출되어 유전자의 염기 배열이 결정되고 있다.

최초로 호메오틱 유전자를 발견한 것은 미국 스탠퍼드 대학의 D. 호그네스(D. Hogness)이다. 초파리는 가슴의 제2 체절에 1쌍의 날개가 있을 뿐, 제3 체절의 날개는 퇴화하고 있다. 1983년에 호그네스는 제3

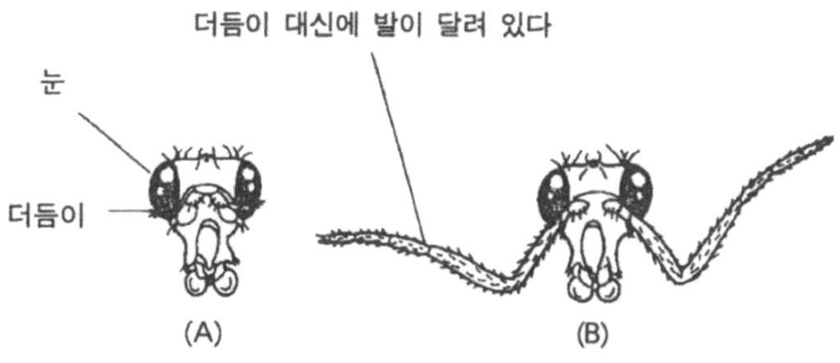

그림 4-13 | 초파리의 안테나페디어 (A)는 정상적인 야생주의 머리 부분.
(B)는 더듬이 대신 다리가 달린 돌연변이.

체절에도 제2 체절과 같은 날개가 생긴 초파리에서 돌연변이를 일으킨 호메오틱 유전자를 적출하였다.

스위스 바젤 대학의 W. J. 게링은 더듬이 대신 다리에 생기는 '안테나피디아(antennapedia)'라는 돌연변이의 원인 유전자나 유충의 체절수가 모자라는 '마디 부족'과 관계있는 유전자를 계속 적출하였다.

이 유전자의 염기 배열을 구명하던 중 게링은 재미있는 사실을 알게 되었다. 제3 체절에도 날개가 생기고, 더듬이 대신에 다리가 생기고, 체절수가 부족한 등의 돌연변이를 일으킨 유전자에는 염기 배열이 거의 같은 부분이 있었다. 서로 흡사한 이 유전자의 길이는 염기의 수로 약 180개였다. 게링은 이 부분을 '호메오박스(homoeobox)'라고 이름하였다.

그 후 호메오박스는 지렁이, 갑충, 개구리, 닭, 생쥐 등 100종 이상의 생물에서 발견되었다. 물론 사람에게서도 호메오박스는 발견되었다.

어쨌든 호메오박스 유전자는 종을 초월한 많은 생물에 널리 존재하는 것으로 보인다. 그리고 호메오박스 유전자의 염기 배열은 거의 모든 생물에서 동일하다. 호메오박스에 대응하는(호메오박스의 지령으로 생기는) 약 60개의 아미노산 배열은 초파리에서 사람까지 거의 같다. 이러한 사실로서 호메오박스는 거의 모든 생물에게 있어 불가결한 것이며, 발생학적으로 중요한 역할을 하는 것으로 여겨진다.

여러 가지 생물의 호메오박스 유전자의 염기 배열이 비교된다면, 진화에도 광명이 비칠 것이다. 그렇게 여기는 이유는, 발생에서 중요한 역할을 하는 호메오박스의 연구로 유전자의 진화와 모습이나 모양에 나타나는 형태 진화 사이의 관계가 해명될 수 있기 때문이다.

에이즈 바이러스의 진화가 알려졌다

호메오박스만이 아니다. 여러 가지 유전자의 염기 배열이 결정됨으로써 더욱 많은 새로운 사실이 밝혀지고 있다.

세계에서 폭발적으로 유행되고 있는 에이즈 바이러스의 기원도 역시 염기 배열로 구명할 수 있다. 에이즈 바이러스의 유래에 대해서는 사람과 원숭이의 바이러스가 각각 진화하였다는 설과, 원숭이의 바이러스가 사람에게 감염되어 에이즈 바이러스로 진화하였다는 설이 있다. 일본 국립유전학연구소의 고조보리(五條想孝)는 에이즈 바이러스의

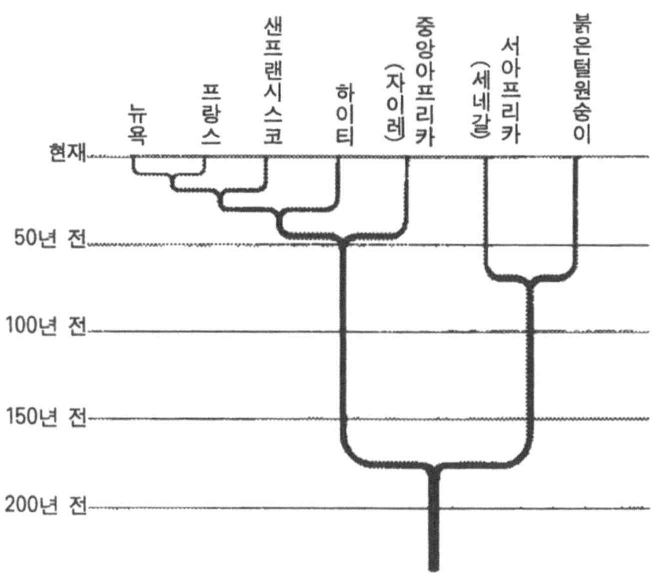

그림 4-14 | 에이즈 바이러스의 진화계통수

유전자 염기 배열과 에이즈 바이러스에 가까운 다른 레트로바이러스의
염기 배열을 비교한 결과, 사람의 에이즈 바이러스가 아프리카 녹색 원
숭이의 에이즈 바이러스의 유전자 재조합으로 생겼다는 사실을 발표하
였다.

에이즈 바이러스는 중앙아프리카에서 전파되었으며, 'HIV1'으로
불린다. 그것에 반해 세네갈 등의 서아프리카에서 발견된 에이즈 바이
러스가 'HIV2'이다. 고조보리는 HIV1과 HIV2의 유전자 염기 배열을

비교하고, 아프리카 녹색 원숭이의 에이즈 바이러스인 SIV의 유전자 일부는 HIV1 일부와 동일하며, 또 다른 일부는 HIV2와 일치한다는 사실을 밝혔다. 이것은 SIV의 유전자 재조합이 생긴 결과, HIV1과 HIV2가 발생하였음을 보여 주고 있다.

그리고 염기 배열을 기준으로 한 에이즈 바이러스의 진화계통수가 고조보리에 의해 작성되었다. 이 에이즈 바이러스의 계통수에 의하면, 중앙아프리카에서 생긴 HIV1과 서아프리카에서 발생한 HIV2는 약 150년 전에 아프리카 녹색 원숭이의 에이즈 바이러스 SIV가 사람에게 감염됨으로써 갈라져서 진화되었다고 보고 있다.

계통수를 의심한다

일본 나고야 대학의 오오자와(大況省三)는 생물 대부분이 갖고 있는 '5SRNA'라는 염기 배열을 기준으로 하여, 200종 이상의 생물에 대하여 진화의 계통수를 작성하였다. 그 결과는 이제까지의 상식이 여러 개나 뒤집혔다.

양치식물은 수중에서 최초로 육지로 상륙한 이끼류에서 진화한 것으로 알려졌으나, 5SRNA의 계통수는 양치식물은 이끼에서 진화한 것이 아니라는 것을 제시하였다. 그리고 지구상에 처음으로 발생한 세균의 일종으로 여겨지는 메탄생성균은 원핵생물보다는 진핵 생물에 가깝다는 사실이 5SRNA의 계통수로 증명되었다.

또 '수은 내성균의 적응'이란 절(節)에서 이미 설명한 바와 같이, 사람의 적혈구 글루타치온 환원 효소를 생성하는 유전자와 대장균에 있는 수은 이온을 환원할 수 있는 수은 리덕타아제라는 효소를 생성하는 유전자의 염기 배열은 매우 유사하다.

특히 수은 리덕타아제를 만드는 유전자 중에서도 수은을 환원하는 데 가장 중요한 효소 활성 부위의 염기 배열은 사람의 적혈구가 갖고 있는 글루타치온을 환원하는 효소 활성 부위의 염기 배열과 전적으로 같다. 글루타치온과 수은이란 전혀 상이한 물질을 환원하는 효소의 유전자가 동일하다는 것은 사람과 박테리아라는 전혀 무관한 생물끼리의 유전자가 기원한 근원이 같다고 볼 수밖에 없다. 이같이 뜻밖의 유전자끼리 공통의 조상을 갖는다는 사실은, 유전자의 염기 배열을 비교함으로써 점차 알려졌다.

염기 배열을 안다는 것은 이제까지와 같이 형질의 차이로 다양한 생물을 비교하는 것이 아니라 직접적으로 유전자를 비교할 수 있게 되었다는 뜻이다. 그저 단백질 합성의 암호에 불과했던 염기 배열이 지금에 와서는 진화의 수수께끼를 해명하는 중요한 관건이 되어 가고 있다.

유전자 해석의 페레스트로이카

사람 유전자의 정보량은 약 30억 개라는 방대한 염기 배열에 숨겨져 있다. 염기 1개를 1 문자로 보면, 30억 자가 된다. 이 책의 한 쪽에 수용된 문자가 약 600자이니 사람의 염기 배열을 기록하는 것만으로 500만 쪽을 넘게 된다. 책 권수로 치면 약 2만 권분이나 된다. 사람의 유전자에 숨겨진 정보가 얼마나 방대한지 잘 알 수 있을 것이다.

이 방대한 사람 유전자의 모든 염기 배열을 결정하려는 일대 프로젝트가 시작되었다. 1989년에 미국 에너지성(DOE)과 국립보건연구소(NIH)가 중심이 되어 5,000만 달러의 연구비를 들인 연구 사업이 시작된 것이다.

일본에서도 1989년부터 '사람 게놈 프로그램 추진에 관한 연구'를 문부성이 추진하였는데, 우선 유전자의 염기 배열을 결정하는 기술과 장기적인 체계를 검토하기 위해 연간 예산 3억 엔의 프로젝트가 조성되었다. 후생성과 과학기술청도 유사한 계획을 조성하고 있다.

EC 여러 나라 사이에서도 협력 체제가 이루어지기 시작하였다. 소련에서도 사람의 유전자 해석에 손을 대기 시작하였다. 소련은 이 분야에서 국제협력은 페레스트로이카의 영향도 있어 대단히 적극적이다.

사람 유전자의 염기 배열을 결정하더라도 무려 30억의 염기 배열을 하나하나 결정하는 것이기에 이는 대단한 작업이다. 아무리 숙련된 연구자라도 1년 동안 해석할 수 있는 염기 수는 기껏해야 10만이라 한다. 1년에 10만의 염기 배열을 결정하여도, 30억의 염기 배열을 해독하려면 3만 년이나 걸린다. 천 명의 과학자로서도 30년은 걸리는 계산이 된다.

이처럼 방대한 사람 유전자의 해석에는 거액의 연구비와 우수한 연구진이 필요하다. 미국이 인류를 달에 운반하는 데 성공한 아폴로 계획도 규모가 큰 프로젝트였으나 사람 유전자 해석은 아폴로 계획을 능가

하는 슈퍼 프로젝트이다.

사람 유전자는 어느 나라에서도 간단히 입수된다. 그런데 사람 유전자의 95%는 정크(junk)라고 불리는 전혀 뜻이 없는 유전자이다. 뜻이 있는 유전자는 5%에 불과하므로, 구태여 사람 유전자의 염기 배열 전부를 해독하지 않아도 된다. 필요한 부분의 염기 배열만을 결정한다면 작은 연구소로서 충분하다. 사람 유전자의 해석 프로젝트에는 국제적인 연구 협력이 필요하다.

그래서 현재 국경을 초월한 세계의 과학자들은 사람 유전자의 해석 프로젝트를 진행하고자 한다. 이러한 멋진 꿈은 인류가 탄생한 이래 한 번도 실현된 적이 없다. 프랑스의 위대한 과학자 루이 파스퇴르가 "과학에는 국경이 없으나 과학자에게는 조국이 있다."라고 말한 바와 같이 과학자에게는 국가라는 벽이 있다. 사람 유전자의 해석이 개시되면 이 벽은 베를린의 장벽과 같은 길을 더듬게 될 것이다. 인류가 국가라는 벽을 넘어서 비로소 하나의 목적을 향해 나갈 수 있는 일이 사람의 유전자 해석일는지 모른다.

사람 유전자의 염기 배열을 알게 되면, 신약의 개발, 뇌의 연구, 면역 메커니즘, 발암의 기구 등과 같은 분야에서 큰 성과가 기대된다. 그리고 사람 유전자의 염기 배열 결정은 진화론에도 큰 충격을 준다. 어쩌면 그 충격은 이제까지의 진화론을 상상도 할 수 없을 정도로 변화시킬 수 있는 크기일 수도 있다.

인류는 진화를 해명한다는 오랜 꿈을 실현할 날을 눈앞에 맞이하고 있다. 지금 바야흐로 진화의 수수께끼라는 문이 열리려고 하고 있다. 문 저편에 있는 것은 다윈 진화론인가, 중립 진화설인가, 이마니시 진화론인가, 바이러스 진화설인가, 아니면 아주 새로운 진화론일까. 앞으로 얼마 동안은 눈을 돌릴 수 없는 날이 계속되리라.